U0302434

气候·教育·学习：力挽狂澜，由我做起

程介明　马国川　石　岚　赵学勤｜主编

QIHOU·JIAOYU·XUEXI：LIWANKUANGLAN，YOUWOZUOQI

山西出版传媒集团　山西教育出版社
·太原·

图书在版编目（CIP）数据

气候·教育·学习：力挽狂澜，由我做起／程介明主编；马国川，石岚，赵学勤编. -- 太原：山西教育出版社，2024. 11. --（中国教育三十人论坛丛书／朱永新主编）. -- ISBN 978-7-5703-4241-9

Ⅰ. P467-4

中国国家版本馆 CIP 数据核字第 2024KC1777 号

气候·教育·学习：力挽狂澜，由我做起

QIHOU · JIAOYU · XUEXI：LIWANKUANGLAN，YOUWOZUOQI

责任编辑 孙 宇
复　　审 任小明
终　　审 康 健
装帧设计 王耀斌
印装监制 蔡 洁

出版发行 山西出版传媒集团·山西教育出版社
（太原市水西门街馒头巷 7 号 电话：0351-4729801 邮编：030002）
印　　装 山西新华印业有限公司
开　　本 710×1000 1/16
印　　张 11
字　　数 132 千字
版　　次 2024 年 11 月第 1 版 2024 年 11 月山西第 1 次印刷
书　　号 ISBN 978-7-5703-4241-9
定　　价 48.00 元

如发现印装质量问题，影响阅读，请与出版社联系调换。电话：0351-4729588

前言

联合国专门机构世界气象组织在发布的报告中指出，2023年打破了多项气候纪录，全球正在以前所未有的速度升温。南极海冰面积正处于历史最低水平，全球气温持续上升，现在已经比工业化前的水平高出了1.1℃。每一次升温都可能加剧极端天气事件的强度和频率，引发热浪、洪水、风暴和不可逆转的气候变化……

另外，根据联合国教科文组织针对144个国家58280名教师所做的一项调查显示，只有不到40%的受访教师有信心教授气候变化知识。教师是实施气候变化教育的关键，但受访教师普遍缺乏气候变化教育相关的必要知识、资源和教学培训，难以在课堂上有效实施气候变化教育。

气候变化是人类面临的最为紧迫和复杂的全球性危机，应对气候变化已经成为摆在人类面前的头等大事。教育能够为人类应对气候变化贡献什么？如何发挥教育的作用来减缓和适应气候变化？

2023年12月2日，主题为“气候·教育·学习：力挽狂澜，由我做起”的第六届世界教育前沿论坛在线上举行。论坛由中国教育三十人论坛主办，香港大学教育政策研究中心合作，田家炳基金会、教育部高校国别和区域研究基地华南师范大学港澳研究中心、广州大学教育学院协办。来自中国、美国、日本、马来西亚等国家的37位专家学者围绕论坛主题，介绍了他们在气候变化教育上的最新研究成果和有效的实践探索。

本届论坛举办的同时，第28届联合国气候变化大会正在进行之中。联合国秘书长安东尼奥·古特雷斯呼吁出席气候大会的各国代表采取紧急行动，帮助世界避免“气候崩溃”。本届论坛的主题，一以贯之“引领趋势，开创未来”的论坛宗旨，其国际视野和前瞻性，受到广大听众的一致赞誉。

本届论坛设置了主旨演讲、圆桌论坛和三个分论坛。参与主旨演讲和圆桌论坛的嘉宾有：香港大学副校长、环球可持续发展讲座教授宫鹏，经济合作与发展组织高级分析师黛博拉·努莎，中国台湾财团法人公益平台文化基金会董事长严长寿，日本早稻田大学教授新保敦子，香港理工大学副教授裴卿，中国工程院院士、加拿大工程院院士、香港大学饶宗颐学术馆馆长李焯芬，澳门科技大学校长、英国皇家工程院院士、香港工程科学院院士李行伟，中国教育学会第八届理事会副会长、上海市教育学会会长尹后庆，上海真爱梦想公益基金会创始人、上海市政协委员潘江雪，台湾清华大学通识教育中心教授、台湾清华大学文物馆馆长谢小芩，马来西亚新纪元大学学院国际教育学院助理教授张喜崇等。

本届论坛受到了社会的高度关注。20 家主流媒体对论坛盛况进行了及时、全面的报道。搜狐新闻、搜狐教育、教育思想网等平台进行了直播，收看网络直播的观众达到 1340343 人。

作为中国教育三十人论坛的长期战略合作伙伴，自论坛成立以来，山西教育出版社在论坛组织、筹备过程和论坛系列丛书出版过程中，给予了大力支持，在此表示感谢。

中国教育三十人论坛将继续坚守“凝聚社会共识，推动教育改革”的初心，架设学术研究与公共政策之间的桥梁，为办好人民满意的教育建言献策，为中国教育改革发展贡献力量。

中国教育三十人论坛学术委员会

2024 年 1 月 3 日

目　录

嘉宾致辞

主旨演讲

圆桌论坛

分论坛一

分论坛二

分论坛三

结　语

嘉宾致辞

戴大为

田家炳基金会总干事

环境教育，学校、家庭、社会都有责任

尊敬的各位领导、各位专家、各位嘉宾：

大家早上好。

很高兴参与第六届世界教育前沿论坛，首先我代表田家炳基金会向大家问好。每一届世界教育前沿论坛都秉持着“引领趋势，开创未来”的宗旨，围绕着最新的教育思想、教育科技、教育模式等热点议题来推动国际间的交流，共同探索新时代和新常态下教育的未来。本届论坛的主题“气候·教育·学习”也是一个迫在眉睫的课题，十分具有前瞻性。我们都能感受到近年来不同寻常的气候变化，比如2023年暑期我们都经历了极端天气和降水，对生产生活造成严重影响。面向青少年开展环保教育或生态文明教育，让他们感受到力挽狂澜，由我做起，我们责无旁贷。

田家炳基金会的创办人田家炳先生非常重视资源节约和环境保护，他通过身体力行的方式来践行中华优秀传统文化中的节俭思想。“一粥一饭当思来之不易，半丝半缕恒念物力维艰”，这是田先生父亲对他的教导，也是田先生终生坚持的习惯。例如，他吃饭时不留一点饭粒，与客人用餐时也要求大家不要浪费食物，吃不完要打包。他出访学校时都会自带水瓶，因为他认为在香港，如果每人每天用一个塑料杯，就是七百万个了，自备水瓶不但可以节省材料，也可以减少对环境的污染。田家炳基金会以提升学校德育水平，帮助学生树立正确价值观为重点工作之一。环保教育不仅能传授知识和技能，更重要的是能培养学生的环保价值观和道德责任感，从而真正实现可持续发展的目标。我们很多田家炳学校已经将爱护环境、节约能源资源、增强环保意识及生态意识等作为学校价值观教育的重要组成部分。

“绿水青山就是金山银山。”近年来，我国大力推动生态文明建设，并提出要发展生态文明教育。把生态文明教育融入育人的全过程中，学校教育是主渠道，教师是关键。教育者先要受教育，才能更好地担当学生健康成长的指导者和引路人。如何通过课程设置、社会实践、校园活动等环节，融入生态文明教育，在内容及形式上做到不断创新，是我们要解决的关键问题。目前，专门从事生态文明教育的师资力量较为薄弱，且环境问题、气候问题具有空前的复杂性，需要众多学科共同参与，这些都对教育者提出了更高要求。

此外，生态文明教育不只是课程教育，更是生活教育和行动能力的培养。因此，环境教育不仅学校有责任，家庭和社会都有责任。家长有责任从生活的点滴入手，教育孩子从日常生活和身边小事做起，把生态文明的理念变成生活习惯。社会大课堂，尤其是环保部门、博物馆、图书馆等，都可以利用自身的教育资源，在环保教育中发挥独特作用。如何加强学校、家庭、社会的合作，也是我们要探索的主要问题之一。

今天的论坛专家云集，为我们探索这些问题搭建了良好的平台，不仅能够提高我们对环保教育相关理论的认识，也丰富了不同国家及地区的教育实践经验。让我们一起通过开展高质量的环保教育来提高教师的专业素养和学生的学习兴趣，让学生在环保实践中学会爱护自然、敬畏自然以及承担社会责任，从而创造一个更加绿色、可持续发展的明天！

谢谢大家！

李盛兵

华南师范大学教育科学学院院长

华南师范大学港澳研究中心执行主任

学校气候教育需要创造性工作

尊敬的程介明教授，各位嘉宾、各位专家、各位老师、各位同学：

非常高兴迎来了中国教育三十人论坛第六届世界教育前沿论坛的召开。在这里，我为我们港澳研究中心能够再次参与世界教育前沿论坛感到高兴，也为有这样一个机会能和大家一起探讨气候教育而高兴。

我觉得我们这个论坛不仅有对世界教育前沿问题的关注，而且也有对人类的终极关怀。近年来，世界极端气候频发，不管是美国，还是日本，还是东南亚，还是我们中国，极端气候严重地危害了世界人民的生命安全，对生产力造成了很大的破坏。

因此，开展气候教育，认识极端气候给世界带来的危害，对我们这个世界非常重要，这也是响应《巴黎气候协定》的一个重要举措。

程介明教授想组织一个气候教育联盟来探讨和开展气候教育，并在全球传播气候教育，我觉得这是一件非常有意义的事情。

通过这个活动，我也进行了一些思考，我觉得有四个问题可以去探讨。

第一个问题：世界极端气候的演变及其危害。

第二个问题：在学校里开展气候教育的价值和意义。

第三个问题：学校气候教育如何真正开展，特别是在东亚这样一个应试教育氛围比较浓厚的地区，如何开展气候教育这样一个好像和升学、应试没有多大关系的教育，我们认为需要进行创造性工作。

第四个问题：如何组建气候教育学校联盟。

我们倡议建立华人社区气候教育学校联盟，推进气候教育的广泛开展。我联系了广东的八所学校，这些校长纷纷同意加入气候教育学校联盟，共同把这个关乎人类终极关怀的事业推广下去。

最后预祝会议圆满成功，希望气候教育工作能够更广泛地开展。谢谢大家！

马凤岐

广州大学教育学院院长

坚守共同信念，勠力同心应对气候变化挑战

尊敬的石岚秘书长，尊敬的各位嘉宾：

大家好！感谢论坛主席程介明教授为我们协办机构提供发言的机会！

本届世界教育前沿论坛的主题是“气候·教育·学习：力挽狂澜，由我做起”，这确实是一个很前沿的话题。环境问题一直备受关注，但把气候与教育联系起来的讨论并不多见。这大概是因为气候变化是一个全球性挑战，个人力量微不足道，它需要人类共同应对。正因为如此，才需要汇集每个人的力量，才需要我们从现在做起，从自身做起。

地球环境似乎一直都在变化，这些变化并非都与人类活动有关。我不是科学家，不知道相比地球环境的自然演进，人类活动对气候的影响到底有多大。但我知道，面对日益严峻的气候问题带来的挑战，人类能做的，唯有从自身做起，从点点滴滴做起。我们每个人都应该过一种健康的、环保的生活。改变我们现在的生活方式，塑造下一代人的生活方式，教育责无旁贷。

今天，参加论坛的嘉宾，不仅有国际化的研究者、活动家，也有扎根基层、一线的实践者，他们担忧环境和气候问题，有强烈的责任感。作为协办机构，有机会与各位嘉宾分享讨论，聆听各位嘉宾的真知灼见，非常荣幸和高兴！我们广州大学教育学院作为服务公共利益的机构，致力于从本科到博士全体系人

才的培养；致力于教育理论和科学、技术研究。通过我们的教育和研究，参与应对人类共同的气候挑战，也是我们不可推卸的责任。我们愿与各位同仁坚守共同信念，勠力同心应对气候变化带来的挑战。

预祝会议圆满成功！谢谢大家！

主旨演讲

宫　鹏

香港大学副校长

香港大学环球可持续发展讲座教授

气候变化与教育

尊敬的各位专家、各位领导、各位听众：

大家好！

今天特别高兴能得到程介明教授的邀请来参加第六届世界教育前沿论坛。气候变化是环境变化的一个部分，所以我今天先从气候变化和健康入手，给大家做一个介绍。

通过恐龙灭绝后的古代气候变化可以看出，距今12000年到距今6500年之间，地球表面平均温度比20世纪后半叶高十多度或者低六到七度。

在12000年以来，这段时间的温度特别适合人类的生长，所以给我们带来了巨大的机会，为人类的繁荣提供了天赐的良机。美国人类学家曾经测量过委内瑞拉一处名叫HiWi的狩猎采摘部落，这里的人们生活在草原环境，靠捕猎小动物和采集树根为生，这大概传承了文明早期的食谱。

古人类时代的食物包括坚果、蔬菜、水果，加一些小动物的肉，今天的研究表明，这类食物是最健康的，偏离这个食谱过久，我们就容易出现慢性病。

为什么这些食物是健康的呢？因为我们的基因经过长期的演化，已经适应了这些食物。我们观察自然界，很少看到有动物生病。早期的人类也是如此，因为人类适应了自然界的气候和食物，所以就少有像禽流感这样的传染病。但是自从人类群居，人口开始聚集以来，人类就不断受到传染病的侵扰。人类起初的传染病大多数来自驯化的动物，这是人与环境产生冲突，被染病的第一个阶段。

到了工业社会，虽然环境污染严重，人类健康也深受危害，但是18世纪至20世纪初的技术进步，使得很多从工业化初期由人口聚集造成的居住拥挤，工业生产导致的水、大气环境污染及卫生条件差等问题得以缓解。随着人类认识的提升、技术的进步，环境和健康问题看起来大大改进，但人类受到工业和环境污染引起的健康问题只是被掩盖了而已。这是第二类环境引起的疾病问题，后面也会讲到。

进一步讲，我们解决了当下认识到的环境问题，却还不能弄清楚人类生产的化学品对人类会产生怎样长期的影响。现在这些影响后果已不断显现。不断涌现的很多化学品当中，很多是人类内分泌系统的毒药。

归纳一下，我们从狩猎采摘到农牧时代，后又走过了蒸汽时代、电力时代、电子时代等多个时代，我们现在正处于信息时代。每一个时代的环境问题，都对人类健康造成了损害。蒸汽时代，英国霍乱、伤寒等疾病不断暴发，使我们学会了加强公共卫生和城市环境规划。电子时代，英国和美国的空气、水污染，促成了各国成立环保局。信息时代，为了保护人类和生态系统的健康，我们加速了气候变化，同样造成了健康损失。可以说，在逐步摆脱与自然同步的过程中，我们的健康也不断被环境问题所伤害。

再加上那些对我们健康有害的饮食和生活习惯，人类的慢性病发病率不断上升，我们认为这不是与环境相关的问题。但是新的工业食品、饮品和稀释品，以及我们宅在家中很少活动带来的健康问题，也是环境健康问题。原因是面对工业环境和新的居家环境，我们的基因还没有适应，因此生病就不可避免。人类饮酒有几千年的历史，吸烟有五六百年的历史，玩游戏机，吃炸薯条、汉堡等却是现代才产生的问题，我们的基因对它们还没有适应，因此我们容易生病。

以色列历史学家尤瓦尔·赫拉利在《未来简史》这本书里曾这样说：经过农业、工业、信息自然化的发展，人类"征服"了自然，全球只剩下20万匹自然的狼，而人类却养了超过4亿条狗。

1970年以来，野生动物数量减少了一半。农业社会促成了人类成神的愿望，信息化时代人类成为世界的主宰。

在《枪炮、病菌与钢铁：人类社会的命运》一书中，贾雷德·戴蒙德考察过去文明的缺失的问题，并归纳出五类影响人类文明进程的因素，其中包括环境变化、气候变化和三类社会问题。后面三类社会问题，往往是自然界生产力无法满足人类的需求所引起的。例如：很多的战争、农民起义、政权更替与干旱、饥荒、瘟疫有关，所以人类文明还没有完全摆脱自然。

归纳起来，人类在走出自然的过程中，已经从原来衣食住行完全依赖自然界，到现在可以合成很多人造材料。自然生态系统为我们提供了免费的服务，例如红树林抵御风暴、湿地储存自然基因等等。不要小看自然环境的文化服务，后面我会提到它的妙用。

人口指数上升、人类活动加剧给自然环境造成巨大压力，并引起环境变化、生态受损，这个过程又反作用于人类自身，伤害和影响了人类的生活和生产。在众多的环境变化中，气候变化在近二十年变得尤为突出。

温室气体排放和气候变化，只是环境变化的两项内容，它们对健康也有重要的影响。温室气体排放持续走高，会直接引起气候变暖和海水酸化。高温热浪会引起劳动力能力下降，农业和建筑等室外劳动减少，影响农牧业收成，而海水酸化则会引起渔业减量。气候变暖和海水酸化可能造成人类营养不良，从而殃及健康。

气候变化引起洪水、热浪、干旱、火灾等，这些又会造成农业减产、生物多样性减少、生态系统退化、空气污染等，最后引起心血管病、呼吸系统疾病、心理疾病等增多，还有可能引起虫媒、传染病流行格局改变。而全球变暖造成的海平面上升，又可能加速陆地面积减少，进而加速贫穷，甚至造成局部冲突。例如叙利亚近年爆发的战争、战乱，气候变化是其中的原因，这是由于个别环境因素改变引起的连锁反应，从而造成系统性的健康和社会经济损失的例子。

气候变化是什么呢？气候变化是温度和天气模式的长期变化，它具有全球性。它的影响随时空变化而轻重不一，但总体来讲是负面的。

前面已经提到气候变化对工农业生产和人类生活有各种影响，最重要的是气候变化能直接和间接影响人类健康，《柳叶刀》杂志率先关注气候变化对健康的影响。早在2009年，《柳叶刀》就提出气候变化是本世纪人类健康最大的挑战。2015年又出了一个全面评估人类健康和气候变化的重大报告。之后又开启了一系列的追踪、进展和研究内容。不过所有的一系列的报告都有一以贯之的主题，那就是行动的紧迫性和必要性不断受到关注。

前面讲的可能有点学术，那么我们每个人与气候变化又有什么关系呢？重新审视气候变化和人类健康的关系，我们可以从以人为本的视角切入。我们每一次日常消费也会影响全球的气候和环境。以中国为例，2017年，中国二氧化碳排放量的24%来自各省之间的货物和服务、贸易，15%来自中国对外出口的货物和服务净生产。高温高湿的情况下，运动可能有中暑甚至热射病的风险，热射病需要及时就医，否则就会有危险。举个广东的例子，在广东，不安全的户外活动时间主要集中在5~9月，几乎全天都有户外活动的健康风险。气候变化加剧了户外活动的健康风险。2022年，中国人均户外安全运动时间损失了2.3个小时。

环境热伤害风险会越来越大。劳动强度越高，工作效率损失越大。这是上海的一个例子，2022年，平均每位劳动者的劳动时间损失为46.6小时，相关经济损失约为3055元。还有一系列其他的工作损失，我这里就不详细讲了。

小结一下，气候变化正在蚕食我们的日常生活空间，高温和极端天气事件偷走了我们舒适的生活时间、户外安全活动时间和高效率工作时间。公众对人群健康与气候变化相关的议题关注度明显提升。2022年，与个人用户健康气候相关的百度搜索量比2021年增加了5.3倍，搜索相关议题的用户中接受高等教育的用户接近70%，主流新媒体发布相关内容的高峰总是会发生在极端气候事件频发的夏季。

我们对气候变化的关注度并没有完全转化为行动，人们有认知无感知、有感知无认知。对气候变化风险有认知的往往不受影响，无认知的往往没有应对的知识和能力。

我们必须改善应对手段，从日常点滴做起，适应气候变化，守护我们的健康。第一，出门前查看天气；第二，家中配备相应的温、湿度计，空调，电风扇，加湿、除湿机等设备，必要时要开启；第三，极端天气时减少户外活动；第四，户外活动选择安全时段；第五，与老年人、独居孤寡人群、有基础病的人群应保持社交联系，帮助他们采取适应措施。

我们要培养低碳习惯，实现绿色生活。第一，要保护我们和子孙后代的健康，出行优先选择公共交通、自行车和步行；第二，合理使用空调，充分利用自然光照；第三，使用节能家电和灯具，通过密封窗户和门缝减少热量流失；第四，选购环保产品，支持可持续消费，减少不必要的购物；第五，少用一次性产品，避免食物浪费，积极回收分类垃圾。

通过上述介绍，大家认识到气候变化与我们息息相关，气候变化正在蚕食着我们的日常生活空间，我们日常的行动决定、行为都会对气候产生影响。化感知为行动，每个普通人都可以做很多。

回到教育的主题，我认为气候变化的很多问题都不是高深的问题。气候变化的教育要从娃娃抓起，气候变化的科学知识应该设计在 K-12 的教育体系中。幼儿园到高中，优先传授气候变化对健康的威胁等知识，从简单的高温热浪防护知识入手，逐步增加系统化适应。倡导积极应对气候变化可以帮助学生发展系统性思维，改变学生的生活习惯和社会活动习惯。倡导过更加绿色的生活，有助于解决气候变化中的问题，实现碳中和。

多接近自然、亲近自然，用自然的美感减轻我们的生活压力，使我们生活得更健康。

我的报告就这么多，感谢大家聆听。

黛博拉·努莎

经济合作与发展组织高级分析师

重新思考气候变化背景下的教育

非常感谢受邀参加第六届世界教育前沿论坛。非常高兴与您分享我们在教育和气候变化方面工作时的一些发现。

我的名字是黛博拉·努莎。我是经济合作与发展组织（OECD）的高级分析师，该组织总部设在巴黎。我目前负责协调教育和气候变化方面的工作。我正在参与一个名为“教育政策实现可持续未来”的项目。该项目将我们在教育政策方面的工作与推进气候变化的全球优先事项联系起来，首先确定教育系统中最能为投资气候变化做出贡献的人群，其次分析教育系统本身如何最好地采用和准备气候变化对基础设施的影响。

我的同事去年发表了一份报告。这份名为《气候临界点》的报告回顾了气候临界点的最新科学证据。这些临界点具有特定阈值，超过这些阈值，地球系统可能会突然重组，而且往往是不可逆转的。该报告得出的结论是，跨越几次，临界点可能已经准备好，并且可能会在进一步警告的情况下变得可能。即使在《巴黎协定》范围内有1.5℃到2℃的全球变暖空间，为了避免这种情况以及跨越15个点可能带来的灾难性后果，需要更快地实现经济和社会的转型。报告强调，我们有一个很小的机会窗口，可以在各个领域实现指数级变革。报告还强调，变革性适应对于社会建立抵御气候变化影响的能力至关重要。

那么，教育系统在这一切中的作用是什么？从减缓气候变化的研究中我们知道，不同的因素有助于实现所需要的转变。这些因素包括行为改变、政策干预、经济保险和技术创新。这些不同的因素相互作用，例如，集体行动、投票等公民行为可以影响政策变化，告知消费行为可以推动企业减少排放和创新。同时需要注意的是，现有条件和现有基础设施也会影响和限制个人行动的范围。

我们不能忽视更广泛的社会和文化背景。例如，在没有公共交通系统的情况下，鼓励人们无车生活是不可能的。因此，这些单独的变化需要与更多的系统性变化齐头并进。因此，教育系统既要关注个人，也要关注应对气候变化所必需的系统性变革。

教育系统可以通过一些方式在减缓气候变化的适应中发挥作用。首先是影响思维方式、行为和生活选择。从很小的时候起，教育系统就有助于培养学生与自然的联系。至关重要的是，如果可持续发展教育是以证据为基础的，那么可以帮助年轻人区分低影响和高影响行为。教育可以帮助学生将注意力从微小的渐进式变化中转移开来，采取能够真正改变个人排放的行动。与此同时，如果认为向年轻人传达气候变化可以通过个人行动来解决，那就太简单了。教育系统必须将气候变化作为系统性问题进行教学和反思。你看，这需要系统性的解决方案。这就是制定和执行政策，为促进提供激励和条件。从这个角度来看，气候变化为教育提供了一个机会。这意味着要了解影响行为的结构性因素，反思如何在转型中实现公平和可接受性。所有这些都需要跨学科思维，整合科学和技术知识以及社会科学。

现在教育要从这两个完美个体系统地参与气候变化。它将在这里了解这个国家在哪里学习，并告诉我们应该投入什么需求和兴趣。在经合组织国际学生评估计划中，年轻人普遍对气候变化有一定的了解。在接受调查的学生中，近80%的学生表示知道或非常熟悉气候变化和全球变暖。因此，也许首要任务不再只是提高认识。但是，在我们自己的个人生活中，提供更深入的理解和更关注有影响力的解决方案的关键是什么？

不同学生群体之间存在显著差异。各种研究表明学生态度与年龄存在着相关的差异，他们对环境问题的关注通常从幼儿期到青春期存在下降趋势，然后在成人期再次上升。同时，我们从发展心理学中知道，青春期是个体发展出更强身体取向的关键年龄。寻找意义并理解行动的长期影响，这很重要，可以考虑用适当的方法。我们必须仔细考虑，因为我们在中学阶段为气候变化教育提供了足够多的方法。

此外，还有证据表明，那些来自于经济困难等弱势家庭背景的学生的可持续性信心水平通常低于更具优势的同龄人，这也是2018年的数据。那些年轻人更加担忧的可能是社会经济差距，而不是气候变化。教育正在给年轻人增加额外的负担，让年轻人额外付出，而不是给年轻人提供机会。我认为这凸显了教育是否与不同的学习者群体充分相关的重要性。它还引发了关于环境政策不平等的社会后果、社会凝聚力的风险以及让社会不同部分参与进来，避免两极分化和社会冲突的必要性的问题。因此，也许有一些方法可以构建可持续发展教育，这些方法就是不仅要关注学习者的责任，还要关注收益。

例如，我们如何确保每个学校能平等获得绿色空间？我们为什么要重新设计既可持续又支持学生福祉的建筑和权利，同时将投资集中在更贫困的地区？其他研究表明，有相当多的年轻人不仅意识到气候变化，而且非常了解气候变化。许多国家加大了对年轻人与气候有关的焦虑和绝望的支持。因此，我们需要找到方法建立机构，而不是以恐惧的方式教授气候变化。

在许多国家，还有一大群引人注目的年轻人，他们既见多识广，又热衷于社会活动。他们参加周五的学校运动，以便进行择时选举。从教育的角度来看，这些年轻人运动的有趣之处在于，他们有意识地利用科学研究来支持他们的需求，他们得到了科学家和学者的支持。因此，气候变化有可能与教育合作。他们提出了一个问题，这对教育来说既是机会，也是挑战。这引发了关于教育系统如何参与这些运动，以开发新形式的代际学习和整个社会方法的问题。因此，在马萨诸塞州，从我刚才介绍的内容中，我们发现了一些机会和困境，即引力政策。他们围绕着如何整合关于可持续发展的课程，学习如何确保可持续发展，学习与商业、学习团体的需求相关并响应，以及如何使教育系统适应有前途的影响，同时保持对我们工作中诉讼的关注。我们已经确定了三个潜在的杠杆点，我们认为突变在这一领域推进的风险很大，而且这些领域也将像经合组织所认为的那样，我们可以为支持教育系统批准其方法做出贡献。他们正在重新思考科学教育和跨学科学习，通过为这种方法寻找位置，从个人行动转向集体行动，通过建立适应气候变化的教育系统，并将适应气候变化的关注纳入我们的可持续发展战略，从焦虑转向适应。

为什么我们要关注科学教育？为什么我们认为科学教育在这种情况下至关重要？首先，学校的科学教育在为未来科学家奠定基础技能方面一直发挥着关键作用，这似乎对于努力实现绿色转型的科技突破尤为重要。与碳强化技术相比，低碳技术、新技术的发现和基础设施至关重要，因此吸引和支持学生在STEM 领域继续深造是加强未来绿色发展的重要要素。其次，他们还呼吁科学教育发挥更大的作用，要培养学习者的科学素养，而不是培养未来的画家。在过去的几十年里，不仅知识和科学具有可及性，而且他们的知识和各种基于科学的论点也具有可及性，以及与媒体、政治决策相关的新支持无处不在。还有与这些重要的公民话题共舞所需要的科学素养和科学批判性思维技能，能够区分高质量信息和低质量信息。因此，获得科学的思维方式可以让年轻人批判性地评估不同的信息，以此来应对以科学和技术为基础的未来，并在个人、公民和职业生活中做出明智的选择。

同时，在许多国家，人们对科学教育是否能跟上社会的这些变化感到担忧，因为学校的科学教学变得越来越过时，并且与现实世界中的真实科学实践脱节。在高等教育、科学、研究和开发领域，越来越多的协作成为学科、技术驱动的数据密集型领域。但在许多情况下，教科书和教学方法在过去十年中没有太大变化，而且我还认为从事进一步研究和联盟标准领域的学生缺乏多样性，存在显著的性别差距。这也与谁参与，以及谁将从绿色转型理论中受益之间存在差距。

最近的工作为我们提供了反思的机会，让我们更好地思考可以做些什么来应对这些挑战。首先，它为我们提供了一个概念框架，可以在气候变化和环境挑战的背景下重新思考科学教育。该框架非常注重系统思维技能和跨学科视角，还强调了应用和以解决方案为导向的方法在气候变化教学中的重要性。它认为，教授我们潜在的解决方案与教授导致气候变化的因素同样重要，并且它是年轻人在希望、自我效能、能动性和企业家精神方面繁荣的关键。了解正在开发的大规模系统解决方案，这些解决方案正在他们有效的全球范围内。学习者可以培养希望，同时在更广泛的全球背景下确保自己的行动和自己的能动性实践。

在地方层面，学习解决方案也可以做很多事情。例如，作为学校系统，碳化建筑和基础设施，可以让教师参与、思考学校的解决方案并增加他们的联系。在经合组织及其他地区的学校中，有许多教师已经参与了这些最具变革性的教育课程。经合组织最新教育政策展望的参与式学习数据显示，几乎一半的教育系统接受了调查，并在很大程度上优先考虑绿色机构文化和学校的发展。在加强联合国机构的发言权和否定权方面可以做更多的工作，而在这里，只有 26% 的教育系统可以优先考虑这些方面。事实上，研究告诉我们要激发行动。对于教育者来说，除了让学生掌握科学知识外，建立希望感和实际参与感也很重要。因此，教育必须吸引情感和社会联系。对基于地点、空间和社区的教育计划进行评估，以便能够培养学生对他们所学习的地方的责任感和关怀。而学校方法的重要性在于，它们可以由不同对象和学科的教师合作开发。

到目前为止，我们已经讲了很多 STEM 教育。但我真的想强调，虽然，科学和技术职业并不是唯一可以有所作为并为可持续发展做出贡献的职业，但是，科学和技术职业几乎在任何部门、各种类型的组织中都扮演着角色，包括公司、非营利组织、政府机构，毕业生可以影响私营和公共部门的可持续发展。当然，为可持续发展而学习并不止于学校层面。事实上，例如，高等教育机构在想象创新和试验新实践以实现可持续未来的大学和高等教育机构方面发挥着至关重要的作用，更广泛地说，是支持研究和创新工作的关键。以开发本地解决方案，并确保科学就像传播者一样，它们还通过开发课程来支持学校设计未来的教育方法。在早期教育、小学教育和中学教育以及高等教育提供的学士、硕士和博士课程中，跨教育和各个层次的培训都采取令人生畏的方法。而且，其他人也会给你机会提高技能和重新掌握技能，以便能够适应和创造创新，这一点非常重要。

最后，我想说，向可持续发展的社会迈进，这不仅仅是学校的责任。伙伴关系在地方一级确实是必不可少的。这可能意味着将人们和倡议联系起来，并建立专业的学习社区，将教师、休闲旅行和其他参与者（如非政府组织、协会和行业合作伙伴）聚集在一起。考虑到这一点，经合组织制订了一个雄心循环框架和工具，以激发学校周围多个利益相关者之间的建设性讨论。因此，用积极的行动发展可持续教育，未来将有无限可能，未来将是绿色的。

非常感谢您的关注。我祝愿会议取得圆满成功。再见。

严长寿

台湾财团法人公益平台文化基金会董事长

共同的使命：从一个学校到花东永续的生命价值

各位亲爱的朋友：

大家好。

未来我们面对的教育变革问题、气候变迁问题，大概是我们大家共同关怀的主题。在第一次世界大战的时候，流感影响了整个战争，造成数千万人的死亡。疫情当下，地球暖化的问题直扑而来。最近又开启了以巴战争，也是让大家非常忧心的一件事情。

我在两年之前就写了一本书《我所向往的生活文明》，描述了疫情当下，人类应该重新静下来，思考怎么样面对一个更文明的社会。“向往”说明还没有达到。科技的发展，人工智能把很多人的能力都比下去了，从好的方面去讲，它对人是助力；但是从坏的方面来讲，它可能同时变成杀人的武器，对人有各种的影响、误导。这些都是教育者面对的一个非常重要的未来的挑战。

过去传统的教育，我们都谈到的是记忆、了解、背诵这样的轮回，但是未来的教育，基本上都是人工智能。人工智能的资料整合能力，远远超过了人类，而且它自我学习。人类需要的是如何去应用它，甚至最终能够创新。

偏偏在过去这一段时间，大家都以考试作为一个指标的时候，放弃了年轻人在过程中做人的品格、沟通的能力、创新的能力、独立思考的能力、关怀弱势的能力，这些都是考试无法考到的事情。未来不管我们是做到一个领袖，或者做到一个企业的主管，或者作为一般人，都需要具备这些能力。气候暖化的情况是我们的孩子必须面对的事情，我们要从孩子的生活理念开始抓起，开始改变，而这种教育是大家都要面对的，需要共同解决问题的危机。

在2008年的时候我写过一本书《我所看见的未来》，那个时候我就强调我们要面对地球的暖化。我当时给政府提出一个建议，把澎湖变成一个“利人”的岛屿，放弃传统的用电，改用太阳能发电、风力发电、潮汐发电。

台湾还有另外一个更小的岛屿叫兰屿，几十年前有核能发电厂的时候，兰屿就成为核废料的存储点。这里的居民非常严厉地抗拒、排斥。当地政府的做法是让所有的居民免费用电。

过去没有电的时代，兰屿人在地下屋上面盖一个亭子，白天在上面工作，天一黑就到地下屋去。地下屋不怕狂风暴雨，可以做到冬暖夏凉。因为核废料，当地政府就允许他们所有的电不用钱，兰屿岛就被毁掉了。所谓的被毁掉就是一大堆的房子造出来，房子是没有窗户的，甚至冷气是24小时开着的。

有一天当核废料拿掉的时候，兰屿人连基本的生存能力都没有。所以我就开始把兰屿的学生、青年人带到我们学校来，来到我们基金会。我希望让他们看到什么叫绿能建筑，所以设立了一个学校。在这个学校，小学部分是用华德福式的教育，孩子不用手机、不用电脑，早上听故事，下午做各种不同的体验。有农耕课、艺术编制的课程、泥塑课，让孩子们学习和自然相处的能力。到了国中、高中，又有一套学习的课程。花东很偏远，大自然的风景非常美丽，给我们提供了丰富的教学内容。

除了做人的品格之外，我们更强调生活的能力。生活的能力是我们不管将来做什么事情都要具备的基本素养。在我们学校里，音乐、舞蹈、美术、文学、体育、绿能建筑、国际餐饮、自行车、爬山和水域活动，每一件事情孩子都要学会。当城市的孩子每天在读书、考试、补习，我们的孩子在学习人和人的合作，学习共同支撑彼此，共同挑战艰苦。我们会让老师在游戏和体验生活当中，把课程灌输给孩子们。

我一直在讲一件事情，我们将来人类的工作会被取代，很多时候要面对机器人、人工智能的影响，每个人必须既要懂科技，善用科技，也要了解科技的威胁。

最后一点，每个人必须要对社会有使命感，对人类的永续有使命感。先说做人，再谈做事，做事要有更多随机而变的应对能力。我告诉我的学生，你可以平凡，但不要让自己平庸。比如说大家看到的台湾很有名的“台积电”公司，在那里你即便有很高的学历，也只是一个大的计划里的小螺丝钉，在工作中间未必可以找到自己生命的价值。

面对人类气候的变迁，我即使有能力，要过的也是一个简易的人生，能够对环保、永续做到更多示范，而且要有尽一份力量的能力。这就是我对未来教育的态度。

虽然我们知道气候变迁对人类的影响很大，我们不断地去努力，不断地去宣扬，用行动去改变，这个社会才会变得更好。

谢谢各位的聆听，也祝愿会议圆满成功。

新保敦子

日本早稻田大学教授

灾害与教育：东日本大地震经验考察

大家好！非常荣幸出席第六届世界教育前沿论坛。我是新保敦子，日本早稻田大学的教授，衷心感谢主办方的邀请，我演讲的题目是《灾害与教育：东日本大地震经验考察》。

当前历经台风、强降雨、火山爆发等重大灾害，我们的日常生活发生了根本性的变化。从古至今，日本遇到过很多次的自然灾害。近年来，除了 2011 年东日本大地震之外，强降雨导致水灾等自然灾害居多，由于自然灾害频发，为了应对灾害，日本教育机构开展了防灾教育。

本次报告的目的就是向各位介绍日本的防灾教育，面对灾害，教育应该如何应对。我希望借助本次经验交流，能够互相学习思考。

一、防灾教育的趋势

过去日本的防灾是以政府和地方自治体的灾害对策为依据的，然而随着 2011 年东日本大地震，还有近几年频发的重大灾害，防灾教育向积极行动的方向发展。

二、防灾教育的方向

在东日本大地震防灾教育和防灾管理等活动的最终报告中，2016 年的报告中，指出了未来学校教育中防灾教育的发展方向。

一是培养民众在面对自然灾害等危险时为坚守生命而采取积极行动的态度。

二是从支援者角度出发，提高民众为构建安全、放心的社会做贡献的意识。

具体来说，未来需要培养的四个能力：

一是了解各个地区灾害的特征，为减灾做好必要准备。

二是能在发生自然灾害时保护自己，克服灾后生活遇到的困难。

三是支援他人和地区安全。

四是完成灾后重建，构建能使人感到安全、放心的社会。

三、防灾教育的目标

在防灾教育上，根据幼儿园、小学、初中、高中的不同发展阶段，制订不同目标。

幼儿园：生活中要注意安全，紧急状况下能听从教职员和监护人的指示行动。

小学：理解灾害的危险性，在注意到他人的同时能采取安全的行动。

初中：依据日常生活储备，做出准确的判断、行动，参加地区的防灾活动以及在灾害发生时能够互相帮助。

高中：参与建设安全、放心的社会，能够根据自己的判断参与地区的防灾活动以及灾害发生时的支援活动。

四、防灾教育的应用

防灾教育并不是作为一门特定的学科存在的。比如：

理科：地震和水灾的发生过程会在理科中学到。

社会科学：消防队的活动就会在社会科学中学到。灾害发生时需要掌握的知识、容易受伤的情况、避免受伤的方法等，会在体育课和特别活动中学到。

避难训练：实践能力会在避难训练中提升。

中小学避难训练，大多在每年9月1日进行。1923年9月1日关东大地震发生，从那天起，我们就开始进行避难训练。警报一响，学生会躲在桌子下面，等地震减弱后，排好队，有序地离开校园。

大学也有类似这样的防灾训练，警报响起，学生会一起向外跑。因为日本是地震突发国，应对地震的防灾训练会经常开展，所以各方在地震发生时能做到从容应对。近几年，为了应对频发的地震，还做了很多应对地震的教材和DVD，如《远离灾害珍爱生命》。为了应对水灾的发生，制作了面向小学生应对水灾的视频——《学会在洪水中保护自己》。

荒川区位于日本东京东部，是东京的平民区，也是低矮房和商店密集分布的地区。据说在20年之内，东京可能会有非常大的地震发生。根据东京的地震危险度调查显示，由震后倒塌而引发的火灾，荒川区在东京大约5000个城镇中位列第一，也可以说是受火灾影响最严重的地区。这是荒川区的中学社团活动方式，学生自发组织的防灾部，社团活动是学生自发组织的活动。

关于防灾部的训练，我想要给大家介绍一下南千住第二中学救援部。该救援部是学生自发成立的社团，成立于2012年，以培养灾害来临时勇于奉献的中学生为目标，一直以来都从事有关防灾减灾的活动。

暑假时救援部开展了防灾住宿训练，设置避难场所，进行赈济灾民的做饭训练、疏散高龄者的避难训练、在消防队的协助下搬运受伤群众的训练等。非常时期救援部队员发现还有一些需要支援的人（老年人、残障人士），针对这种情况，救援部队员为了能够提前熟悉这些需要支援的人，还开展了结对子活动。救援部队员会多次确认已注册登录的高龄者住宅情况，并将学校活动告知他们。

地区合作，救援队会和町会（类似于中国的居民委员会）合作进行防灾训练，并和救援队、保育员一起进行疏散孩子的训练。这个活动让社团成员和孩子充分接触，才把他们送到托儿所。

除此之外，救援队还努力与小学生建立联系，积极开展小镇探险队活动。队员带领小学生，给他们讲解地区的古迹和文化遗产。

2015 年该社团还成立了超级救援部，目的是培养掌握更为专业的防灾知识和技能的专业队员。比如，超级救援部队员带领高龄群众避难。救援部队员把储备库的物品搬到体育馆，搬运发电机和灯光器，搭建简易床和简易厕所，分隔体育馆，确保每个区域都有照明的空间。而且救援部还参加了荒川区的综合防灾训练。救援部的成员人数在逐年增加，2012 年 65 名，2013 年 81 名，2014 年 126 名，2015 年 201 名，2016 年 245 名，占全校学生的 68%。

作为防灾教育的活动，各个中学的救援部代表会在暑期时走访日本釜石市，与釜石东中学开展交流活动。釜石东中学常年实施防灾教育，在东日本大地震发生时，中学生主动避难，成功挽救了当地居民和孩子们的生命，被称为“釜石奇迹”。

救援部代表为了访问受灾地会事先做好准备，在和釜石东中学进行交流对话。在采访完东日本大地震的经历者之后，他们会回到各自的学校开报告会，不仅防灾意识在提高，而且能在防灾上采取自发的积极行动。

釜石东中学防灾教育的三原则：

第一，不要局限于原有的假设，不要受以前灾害时绘制的地图的影响，要考虑到原有假设之外的灾害后，再采取行动。

第二，竭尽所能到更安全的场所避难。

第三，带头避难，自己避难了，周围的人也会跟着一起避难。

釜石东中学的学生在东日本大地震发生时，会主动到高台避难。看到这一幕的小学生和当地居民也会紧随其后。釜石小学的学生虽然在放学路上，但是他们都能自己避难，最后平安无事。

指导防灾教育的片田敏孝老师说道：过去的防灾是依靠行政，而现在的防灾需要自我援助。这种自我援助不是被动的，是主动的。要热爱自己生活的地区，防灾教育非常重要。不要和学生说海啸很恐怖。生活在自然资源丰富的地区，有时不得不面对波兴浪涌的大海，防灾教育的目的就是要教会他们如何生存下去，告诉他们在危机时刻该如何避难。

釜石东中学还常年开展中小学联合避难训练，而且把当地居民分享的海啸体验，以创作剧的形式进行表演，孩子们不是被动学习，而是主动学习。这一切都与2011年地震避难行动有着密切的关系。

五、总结

在灾害来临的时候，地区之间的联系发挥着很重要的作用。现在日本研究者非常关注中国社区的力量。过去日本的町会有着极大的影响力，而且联合地区消防队，从事其他行业的人都参与到灭火行动等防火活动中来。因为支援人员和消防队员的老龄化问题越来越严重，所以学校与地区进行合作，开展防灾教育就更重要。

灾害对人的一生有很大的影响，因此防灾教育很重要，它让我们学会了：

第一，使用灭火器。

第二，思考帮助别人的方式，以及自己在这个社会中所扮演的角色。

第三，采取积极的行动。

防灾教育的作用：

第一，积累知识。

第二，培养搜集信息、共同思考判断以及付诸行动的能力。

第三，防灾教育发挥推动教育全面改革的作用。

防灾教育的展望：总之，防灾教育是不同地区、不同国家的独有课题，也是共同的课题，在这一点上，我希望我们能互相交流、互相帮助。

裴　卿

香港理工大学副教授

气候变化教育：联系身边的科学与人文

各位专家、各位老师：

大家好！我是裴卿，来自香港理工大学。

首先，我非常感谢程介明教授能够给我这次机会介绍一下我过去在气候变化教育领域做的一些实践工作。我主要关注和探讨如何联系学生身边的科学证据和人文素材，来推进气候变化教育。具体来说，我开展气候变化教育的对象是青少年学生。结合我的研究工作和教学设想，利用身边的科学证据和人文素材，让青少年学生理解和感受，甚至探讨气候变化，最终能达到形成气候变化的认知和思想的教学效果。

今天，我将给各位专家、老师汇报我近年来在气候变化教育领域的实践工作，希望各位专家、老师点评和指正。今天我汇报的内容主要分为以下几个方面：一是教学背景，二是教学素材，三是教学方法，四是教学目标。

一、教学背景

目前，无论是气候变化研究，还是气候变化教育，我们一定会联系到现今大的气候变化背景。根据现有的观测记录，我们已经可以确切地认识到现在的气温明显高于过去。特别是 2011 到 2020 年时段的气温，已经比 1850 到 1900 年时段的气温，升高了 1. 1 度。这个结果是在全球尺度，如果在个别区域，升温幅度可能会更加显著。

对未来气温的预测主要是基于科学家模拟的未来排放前景。在20世纪初的温度，仍是低于1850年至1900年的水平，但是之后的温度开始逐渐升高。根据科学家给出的情景和相应升温的模拟，我们发现未来的温度会越来越高。我们的后代将经历一个怎样的世界呢？这取决于我们现在和近期的排放选择，所谓“千里之行，始于足下”。

目前，在一个更大的尺度上，科学家提出了“地球界限”这个概念，来认知地球系统的稳定性和恢复力。科学家提出了9个具体的地球界限，在这9个界限里，列在左边的6个界限已经全部超出了地球界限。这代表着已经完全超出了地球维持其稳定和恢复能力的边界，远远地超过了地球能够承载的边界。在这6个超出地球的边界中，气候变化赫然在目。

我们今天所有的努力是为了我们的现在，当然也是为了我们的未来。青少年学生是我们未来的希望，也是承担未来社会应对气候变化的责任，是实现可持续发展的关键。在所有的教育培养计划中，所有的课程都给气候变化的教学做了一个规范的指引，突出地强调了青少年学生应当理解和学习气候变化的相关概念和知识。

教师授课无外乎是把知识传授给学生，主要涉及教学资料和教学方法两个方面。目前，学生在学习的时候会遇到一些问题，我在和香港地区的青少年学生进行交流的时候，发现他们的困惑主要来自两个方面。

第一就是距离感，在时间、空间上都有体现。在上述提及的资料中，比如说未来的升温和碳排放，给青少年学生的感觉就是这是非常遥远的事。又如，在空间上，往往谈到气候变化就是全球这样的宏观尺度。所以，青少年学生会觉得气候变化在时间上和空间上有距离感。第二，气候变化的研究成果和教学资料，让青少年学生联想到了复杂的模型和精密的设备，导致青少年学生在学习气候变化时，出现了无力感。

针对以上问题，如何有效地推进气候变化教育，成为我过去一直思考和实践的内容。现有的气候变化教育让学生有一定的距离感，如何能够使气候变化教育贴近学生的生活，切实提升青少年的科学素养和人文情怀，这就是我们应当对气候变化教育进行的思考。

我个人的研究工作，也与气候变化教育紧密相关，主要集中在多时空尺度上的气候变化与社会变迁，涵盖了气候学和气候变化的社会影响两个方面。气候学主要是认识历史气候变化及其机制，对应了 IPCC 第一工作组，即自然科学基础。我对气候变化的社会影响的研究，则对应了 IPCC 第二个工作组的主题，即影响、适应和脆弱性。我的研究工作，同时利用了科学证据和人文素材去认知历史气候和社会。所以，今天的汇报，是基于我过去的教学和教育实践，同时也是基于我个人的研究工作和成果。

二、教学素材

教学素材，应考虑在利用科学证据的同时，也要有一些人文的素材。科学证据方面，主要是利用现代的工具，比如温度计，还有一些自然代用指标来记录、反映气候的变化。人文素材，我比较推崇用“大语文”的方式去认知人地关系和气候变化的社会影响，人文素材包括世界各地的历史资料和经典作品，比如说历史文献和艺术作品等，之后我会详细介绍。

科学证据，我们经常绘制的升温图，就是利用现有的测量工具，即温度测量仪器来记录和反映气候变化。此外，还可以用到自然代用指标。为什么会用到自然代用指标？因为我们的现代测量工具被发明出来的时间较晚，有测量记录的时段比较短，没有办法反映更长时间的气候状况，特别是某些地区，现代测量工具的发展会更晚。这个时候我们不得不用一些自然体，特别是保存时间较长的自然体，因为它们的物理、化学和生物过程受到了气候条件的影响。我们能够利用这些自然体的物理、化学和生物属性，推测当时的气候状况。我们就像侦探一样，从中可以观察到气候留下了怎样的足迹。这些可以利用的自然体包括：花粉、珊瑚、冰芯、树轮、石笋等。我这里特别标注了“树轮”，因为利用树轮教学的成本比较低，在香港常见，所以我用树轮进行教学也相对多一些。

我们还可以经常发现身边的树轮证据。例如，我们去博物馆，甚至去爬山的时候经常看到树轮。通过树轮的剖面，我们就知道树轮宽一点的地方、窄一点的地方，是代表了当时气候的好坏。温度高一点，降水多一点，自然而然树木生长得快一点，树轮就会宽一点。其实，我们基于树轮的教学实践，和树轮科学家们的研究工作原理是一样的，都是要利用树轮的宽度，推测过去气候变化的情况。

除了树轮之外，我们生活当中并不缺少其他相关的科学证据。比如说，同样是我去阿尔卑斯山旅游拍的照片。在 2015 年的图片中，可以看到雪白一点，多一点。而 2018 年图片中的雪黄一点，少一点。因此，我们应当鼓励青少年学生从生活中去发现科学证据。

除了科学证据之外，还有大量的人文素材，我们国家有非常多的历史文献、历史记录，我们都可以把这些历史文献和历史记录利用起来，认识气候变化，理解人地关系。对于我们的青少年学生，他们在日常学习当中一定会学习古文，还有唐诗宋词等，这些历史经典中都会有气候的记录。比如说，在古文里边，经常会涉及气候和天气现象的描述，包括“大雨”“大旱”，甚至还有“蝗虫”等自然灾害。这些古文都能直观地告诉我们当时的自然现象，认知气候状况。诗词里边同样有丰富的气候描述，比如说白居易的“人间四月芳菲尽，山寺桃花始盛开”，还有苏轼的“春江水暖鸭先知”，还有《清明》这首诗里的“清明时节雨纷纷”，也能够代表清明时段的降水情况。

除了我国的历史文献、历史记录，世界上也有各种经典的人文素材。比如说荷兰画家的油画《冬季风景》，我们一看到油画中的场景就会想到荷兰当时雪下得很大，结冰很多，然后我们可以联想一下现在的荷兰气候，搜寻现在关于荷兰的气候和天气的照片。我们就会知道，气候在过去和现在有明显不同，发生了显著变化。所以，中外人文素材里蕴藏了大量翔实的气候信息，等待青少年学生去挖掘、理解和学习。

三、教学方法

有了这么多的教学素材，我们一定要思考，如何有机地把教学素材整合到教学方法中，提出合适的教学方法，让青少年们身临其境地感受到气候变化的存在及其影响。在我们过去的实践当中，主要用到了三种方法：跨学科教学方法、体验式教学方法、“技术+”的教学方法。我相信各位专家和老师也会有其他的教学方法，在这里我只介绍这三种，因为这三种我个人用得比较多，有了一些经验积累。

第一，跨学科教学方法。在任何的研究当中，我们都会强调跨学科，在教育里面我们同样强调跨学科。我国的课程方案，已经明确地强调了我们要加强课程的综合和关联，那么我们应该如何去做呢？

气候变化涉及自然科学、社会科学和人文科学。比如说，刚刚我已经提及气候变化的研究，利用了物理、化学和生物的知识，同时我也用到了“大语文”的理念，所以气候变化研究一定是跨学科的。目前，气候变化已经不仅仅是科学现象，已然成为一个学科。所以，我们的教学方法也要考虑如何利用不同学科的知识和手段。

我曾在挪威的博物馆里面拍摄过一张图，是一个巨大的树轮，从图片中可以看到，一些重要事件和树轮联系在了一起。此时，我们可以看到长时期的气候变化状况，也可以帮助我们认知一些重要事件发生时的气候背景。

我们国家有一定的资料优势去开展跨学科教学。我曾经发表过一篇文章，帮助学生学习土木堡事件。我在分析土木堡事件的经济、社会、民族等背景之外，还考虑了当时的气候条件，综合地解释为什么瓦剌民族要向南迁徙和明朝冲突，最终发生了土木堡事件。

此外，我们可以摘录各种各样的历史记录，将摘录的记录做成时间序列曲线。我曾经对游牧民族向南迁徙进行过研究，绘制过曲线。其中，在气候变干的时候少数民族向南迁徙会有明显增加，也就是说，恶化的气候状况会导致少数民族更多南迁。该研究一方面可以去认知气候变化的影响，同时也可以通过社会现象反过来认知当时的气候变化。比如说，我们发现有更多的少数民族向南迁徙，就很大可能代表当时少数民族居住的地方出现了气候变差的情况，使得少数民族不得不向南迁徙。因此，我们可以把科学现象和社会现象进行有机的联系。

我们还可以研究广阔的范围，不仅研究中国的，也可以研究世界的其他地区，甚至是全球范围都可以做到。我们可以完完全全利用跨学科方法，覆盖不同的时间和空间尺度，让学生去理解气候变化和人地关系。

第二，体验式教学方法。在我们的课程大纲中，已经在突出体验式教学，强调实践的重要性。体验式教学就是用实践来让学生去参与学习过程，成为学习的主角，而且老师要利用可听、可看、可感的教学媒体，去为学生的学习做好支持工作。

我在利用树轮进行教学的时候，让青少年学生摸一摸树轮，去理解气候变化在具体的物理、化学和生物上的体现，让学生实实在在地看到气候变化在树轮上的表现。甚至我们可以让青少年学生去拿一个树轮画一下，可以看树轮的走向、宽窄等，这些都是可以让学生们切身体会到气候变化的教学方法。我们也可以让学生走到外面去测量一些树木的高、粗等指标，去计算树木的固碳量，帮助学生学习碳捕捉和碳储存等相关知识。

第三，“技术+”的教学方法。因为无论是体验式学习还是跨学科学习，其实它都是有一些空间的限制。为了突破这些限制，让学生能够在教室里看到欧洲、美洲的情况，技术的辅助就非常重要。我利用了 VR，即虚拟现实，让学生看到世界各地的情况；还利用虚拟的沙盘，让学生看在不同的海拔高度之下，哪些区域会受到气候变化的影响更大，比如说低海拔地区受海平面上升的威胁更大；还使用地理资讯系统，做一些实时交互，甚至是模拟未来的城市，让学生认识到气候变化就在身边。事实上，我们国家已经有非常好的“技术+”的支持，比如说国家中小学智慧教育平台等等，可以帮助我们开展“技术+”的教学方法。

四、教学目标

最后，基于以上的教学素材和教学方法，我提出了相应的教学目标。我的教学目标是针对两个群体。第一个群体是教师，需要教师在讲授气候变化的时候，做到理论化和体系化，这就在专业上对教师提出了较高的要求。第二个群体是青少年学生，我希望他们能够身临其境地发现和感受气候变化，特别是在教师利用科学证据和人文素材讲授气候变化的时候，我们的学生能够切实提升自身的科学素养和人文情怀，从而达到预期的教学目标，承担起未来社会应对气候变化，实现可持续发展的责任。

以上是我对过去的教学实践和科研工作所做的汇报，谢谢各位专家和老师的聆听，希望各位专家和老师多多批评指正！

圆桌论坛

李焯芬

中国工程院院士

加拿大工程院院士

香港大学饶宗颐学术馆馆长

气候教育是环保教育的一部分

各位专家、学者，各位老师：

大家早上好。非常荣幸能参加今天的论坛，给大家就气候教育做一个简单的汇报，请大家多指教。

我的报告的题目是《气候教育是环保教育的一部分》。环保教育在好多国家、好多地方都已经成为基础教育的一个部分。它的范围也比较广，包括节水、节能、防污、气候的变化，以及如何应对气候变化带来的各种灾害等等。

环保教育主要的目的就是希望教育下一代爱护我们的地球，保护好我们的环境。我以前生活在加拿大，我的理解是好多加拿大的中小学都有环保教育，气候教育也是环保教育的一个部分。在我们国家，环保教育也受到了重视，成为基础教育的一个组成部分。好多的中小学都在教育我们的下一代要重视环保，节水节能，低碳生活。台湾地区也非常重视环保教育，环保教育已经融入生活当中，做得非常不错。

回顾人类历史发展的进程，气候的变化经常引起各种天灾。其实减灾防灾也是我们人类社会发展的一个重要部分。因此我建议环保教育，可以考虑包括减灾防灾的一些基础知识。

我这里举两个例子，在我们国家，一个比较常见的天灾就是水灾。水灾有两个成因：第一，暴雨成灾，气候的变化，极端天气引起的变化。第二，河道淤塞、河床高悬，容易引起水灾的问题。

为什么会有这个问题呢？回顾一下，在漫长的历史长河里，黄河及长江中上游山区，由于长期砍树，植被被破坏了。植被被破坏之后，表土就外露。下雨时就把泥沙冲到河道里了，这个现象我们叫水土流失。中国的很多大江大河，河流的泥沙量都非常大，到了河道的中下游泥沙就会沉淀下来，河床会被抬高。黄河中下游的河南开封段，由于河沙的沉淀，河床被抬高，河床比周边高了十多米。这种情况叫悬河，河悬在半空。与此同时，树林受到破坏。黄土高原原来是有树的，长期砍伐就导致黄土高原变得光秃秃的了。

1998 年起，国家启动了植被重建工程，黄河、长江的中上游再不能砍树，而是要想各种各样的办法去种树。我们今天到黄土高原去看一下，无论是延安，还是其他地方，你会看到很多的树。我们国家的森林覆盖率从新中国成立初的 8%增加到现在的 24%左右，差不多是 3 倍的增长，这是非常难得的。植树造林改善了整个生态环境，也减少了水土流失的问题。黄河的年均输沙量明显下降，黄河的水清多了，输沙量也少了。长江等其他江河，也是这样的。减灾防灾工作，就是通过改善环境、绿化环境，减少发生水灾的风险。

第二个我想给大家分享的例子，发生在我生活的香港。香港的 70%都是山区，很多房子都修筑在山坡上，雨季时经常有暴雨，导致滑坡的情况出现。我记得 1972 年 6 月 18 日的一场暴雨引起的滑坡，发生在我工作的香港大学附近。这个滑坡把一栋大楼给带下来，又碰到另一座大楼，造成非常严重的伤亡。过去香港怎样去防止滑坡情况的出现呢？主要是在斜坡上铺上一层混凝土，这个方法还是非常管用的，混凝土能把雨水和山坡分隔开来。但是后来经常被人家批评，你在绿油油的山坡上铺上一层混凝土，又不环保、又不美观。90 年代中，政府要求香港大学研发其他比较环保的方法来防止滑坡。我们于是开发了一种“土钉加固边坡法”，做了不少的实验，包括现场的实验。“土钉加固边坡法”是怎样进行的？其实就是在山坡内钻孔，每一个孔里放一条钢筋。这就是我刚才所讲的土钉。打好土钉之后，又在边坡上种草、种树，做好绿化工作。这也就是过去 20 多年，在香港经常见到的安装土钉的工序。先钻孔，放土钉，再做好绿化工作。做好之后，你种上草就看不到土钉了，外边看来绿油油的，比较环保。

香港过去 20 多年就是采用了这种边坡改善的技术，由原来放置一层混凝土，改为土钉加固绿化的方法。数以万计的边坡都采用了这种方法来改善。采用了这个方法之后，过去二十年，滑坡引起人员伤亡的事例就很少了，在报纸上就很少看到这样的报道了。这说明这个方法还是比较管用的。这种防灾减灾的工作，还是可以起到一定的效果。

这个也是我们面对气候变化，践行减灾防灾工作的一个例子。

谢谢大家！

李行伟

澳门科技大学校长

英国皇家工程院院士

香港工程科学院院士

防灾减灾意识和跨学科教育

各位嘉宾，各位朋友：

大家好。这次十分感谢程教授的邀请，让我有机会与大家分享我个人对如何提升高等教育对气候变化应对能力的理解、发现和思考。在过去的三年中，我在澳门科技大学工作。今天，我将与各位分享我们在澳门应对气候变化和挑战的方式。

现在与20年前最大的差别在于，大家已普遍接受了气温上升不可以超过1.5℃这一临界的理念。因此，联合国秘书长一再重申，2050年实现零碳是重中之重。世界各方亦已达成了共识：气候是人类面临的最紧迫的挑战之一。

谈论教育的时候，必然离不开科研。刚才也有学者提到了跨学科科研、跨学科教育。跨学科教育、跨学科科研已经开展了多年，成功实现这一目标无疑十分困难。从大学的层面来看，我认为大学可以从科研、人才培养以及社会服务等若干方面着手，与社会和政府共同应对气候变化带来的挑战。我将围绕这些方面分享一些值得关注的最新国际动态。

首先，看看我们所在的粤港澳大湾区，澳门在珠江三角洲的西边，香港在东边，广州在北边。实际上，整个大湾区都面临海平面上升及其他极端气候事件的严峻挑战。

与此同时，国家明确将大湾区定位为国际创新科技中心、宜居城市群。但大湾区大部分地区都无法承受这些灾害的冲击。珠江水利委员会王宝恩主任亦曾坦言："大湾区的国际城市大多都是淹不起的，代价太大了。"由此可见，气候变化与粤港澳大湾区的发展紧密相关。港澳的高等学府十分关注这一议题。值得一提的是，大湾区在气候变化的基础数据方面，包括生物多样性数据以及水位计算数据等非常欠缺。例如，为了设计一座人工岛，这些数据都是非常关键的。2017 年和 2018 年的台风天鸽和山竹先后吹袭澳门，对城市和居民造成了巨大伤害，人员伤亡，基础设施遭到严重破坏。这些气候灾害给我们的科研和教育方面带来了许多挑战。

近年来，我走访了埃塞俄比亚、摩洛哥和突尼斯等非洲国家。我深深地感受到，许多"一带一路"沿线国家的粮食安全、水安全等都受到了气候变化的影响。此外，非洲多家高校已将气候变化和能源问题纳入教研重点。因此，在我看来，气候变化和挑战是一个值得关注的国际重要议题。相信许多在座的同事也深有同感。面对这些国际共同关注的议题，澳门和香港作为对外的桥梁和窗口，必将发挥自身的优势，促进国际交流。

最近几年，自然灾害频发且愈趋严重。2021 年的中国郑州，2022 年的巴基斯坦，还有 2023 年的中国北京、中国香港。就在数月前，中国和巴基斯坦在伊斯兰堡携手成立了地球科学研究中心，专注于灾害研究，尤其是针对"一带一路"地区。这些新的动态是必须的，大部分人对灾害的警觉性仍有待提高，事不关己或冷漠以对，这些都是不可取的态度。

我认为，科研和社会服务是大学的重要责任，这也是澳门科技大学秉承的理念。我们在澳门科技大学开展了科研、培养人才以及提供社会服务三位一体的工作。2021年澳门科技大学获批建立海岸带生态环境国家野外科学观测研究站，我们以此为契机，充分发挥野外站的平台作用，运用最新的技术进行长期的观测。相信通过长期精密的数据收集，能得出科学和客观的答案。

我在港澳生活多年，曾目睹过许多自然灾难。当灾难暴发之时，人们往往感到迷茫，最主要的原因是缺乏数据支撑。这些数据极为重要，我们能够利用数据进行多元化的科普活动，与大中院校合作，提高年轻一代对气候变化的认知。

其次，谈一谈预警系统。要最终达到减灾防灾目的，预警是不可少的。最近，澳门科技大学和北京市水科学技术研究院合作，共建了一个数字孪生重点实验室，致力整合和系统化所有数据，以开展预警系统的研发。在教育方面，我要重申跨学科教育的重要性。作为一所综合大学，旅游产业、环境可持续发展、经济等不同学科的教学和研究环环相扣，从本科到博士全方位的人才培养系统都离不开跨学科教育。希望通过不同的举措和活动，增强学生的参与度和责任感，为解决和应对气候变化问题做出贡献。

最后，我想说，大学的教育、研究和社会服务之间是相辅相成的。我们曾参与了100多个国家级、省部级的气候变化相关研究，并就温室气体和大气污染物提出了建议。我们将继续对气候变化做深入探讨，为城市、地区和国家的可持续发展贡献力量。

感谢大家的聆听。

尹后庆

中国教育学会第八届理事会副会长

上海市教育学会会长

科学教育与行为养成

刚才各位专家的演讲对我非常有启发。由于时间关系，我从工作的角度给大家介绍一下我们在气候方面的思考和行动。

我今天讲的主要是气候变化的教育与行为养成，也就是科学教育与行为养成。我们大家都感觉到，气候问题确实是一个非常紧迫的问题，气候变化是全球性的危机。气候变化的教育，不仅是教会大家在生活中应对人类社会气候变化的技能，而且要让所有学生形成适应气候变化所需要的价值观、核心知识和关键能力，从而带动他们的行为转变。

一、气候教育课程的构建与实施

先说第一个方面。之前我们已经把碳中和、碳达峰的主题融入国民教育的课程中了。现在的问题是针对不同年龄阶段学生的不同的心理特点和接受能力，如何才能把这个内容和主题融进去。青少年生态文明素养的提高，涉及生物、社会、心理、精神等各方面，要在这种既相关又非常复杂的不同层次中不断地演进，得有一个螺旋上升的过程。比如小学的低段应该怎样，小学的高段应该怎样，初中应该侧重什么，高中大学阶段，应该怎样，我认为整个应该是螺旋上升的。2017 年和 2022 年，教育部专门发布了高中的课程方案和义务教育的课程方案。在各科的课程标准里，特别是科学教育里，对与气候相关的内容都做了很多规定。这里主要指义务教育阶段是如何进行教育等等。

在教学实践中，非常强调“重视生活体验”。一定要让孩子通过亲身的实践感受天气、气候，了解水循环、岩石、土壤对人类的影响，因此从这个角度设计了很多的学生体验课程。七至九年级就要让学生分组调查当地的水系、地形、气候等等，去写调查报告，这个实践体验非常重要。

还有强调“观察”。一、二年级要让学生观察记录周边土壤中产生的动植物，观察天气变化对动植物的影响。三、四年级要让学生学会测量等。五、六年级要让学生通过建立网络虚拟的气象站，了解气候情况或者在学校里进行气象观察。七至九年级要运用气温和降水资料去绘制柱状图，描绘气候变化。

第二个方面，强调气候教育要采用主题式的学习方式。推动学习者从事实性知识学习走向概念性理解学习，同时让学生联系生活、联系周边的社会来学习知识，这样才能落实前面所讲的生态文明素养的培育。

我曾经对上海236所小学、初中学校进行过调查，这些学校都在进行项目化学习。他们一共设计了400多个科学项目，与环境有关的项目占比大概是20%，总体上感觉占比不算低，但其中有关天气气候的项目在科学研究项目中的占比却是2.5%，这个数量不多。

当然，我们看到一些学生研究的题目还是很有意义的。比如，有的在学校里设置气象站，观察气象并为师生播报气象情况；有的研究热岛效应，因为城镇化发展产生的热岛效应，正在影响居民的生活和身体健康，高温加快光化学反应速率；有的在研究天气变化如何影响我们的生活；有的在研究如何减少二氧化碳的排放以保护环境。还有的学生因为在电影中看到登山队员们在极端恶劣的天气条件下勇攀珠峰，所以他们想到了要研究如何在气温骤降的时候维持正常体温，等等。这些都是学生在综合实践中研究的一些问题。所以关于气候变化的教育需要学生去体验和感受，在真实的学习当中获得经验，用经验再加深对知识的理解。

二、上海中小学生绿色低碳行为导则

上海制订了中小学生绿色低碳行为导则，用导则引导学生的行动。这个导则是一个指南，让中小学生从自身做起，在日常生活中践行绿色低碳，用实际行动促进人类的可持续发展。导则围绕“衣、食、住、行、学”五个维度，覆盖中小学生应该注意并可以身体力行的若干行为，试图从娃娃抓起，从学生周边的生活抓起，让他们开始树立绿色低碳意识，一起面对温室气体排放所带来的极端气候变化，共同应对挑战。

“衣”，选择怎样的服装，如何呵护每一件衣服，如何让旧衣回收再利用；“食”，减少一次性餐具的使用，大力倡导光盘行动，优先选择可持续的食材等等；“住”，节约用水，节约用电，进行垃圾分类，采用绿色节能产品，使用清洁能源；“行”，走路出行，单车出行，选择新能源汽车；“学”，减少用纸，节约电脑和屏幕用电，持续使用文具，关灯节电，共享图书等等。总之，我们试图用这些方式，在无形之中引导孩子的行为养成。

总体上大家对科学教育重要性的认识正在逐步提高，教育的力度也在增强，我认为我们现在进一步提高认识，大力推动科学教育还是非常有必要的。

欢迎大家不吝赐教，谢谢大家。

潘江雪

上海真爱梦想公益基金会创始人

上海市政协委员

在风暴的世界中寻找确定性

各位嘉宾，大家好！

我一直相信：地球从来不需要拯救，需要拯救的恰恰是人类自己。

我们今天的生活条件比 100 年前还要差吗？我们今天的外部环境比 50 年前还险恶吗？并没有。我们其实比过去都好很多。为什么我们感觉好像自己更脆弱、更无助了？是我们的知识不够，技术不发达了，还是我们吃不饱穿不暖了？答案都不是。一方面，今天有很多外部不确定性，投射到我们内心，大多数人面对这不确定性的时候，没有一个强大的稳定的社群关系去支撑去面对。另一方面，我们的幸福感不够，往往是因为我们拥有的多，付出的少；我们感觉到无力，是因为我们想的多，做的少。

站在真爱梦想角度，我想谈两点：一是在风暴的世界中寻找确定性；二是现实主义者的行动方针。

在风暴的世界中寻找确定性

气候就是我们生存和发展必需的环境，我们需要用“有爱、求真、追梦”的姿态来应对世界的不确定性。

一、长期变量非人类能控制

大变量包含自然界的气候变化，也包含人类社会种种影响我们福祉的长期变量，这些大变量，最终都是我们不可控的。比如我国人口发展呈现少子化、老龄化的趋势，这不是我们几个家庭多生几个孩子，人口结构就能发生变化的。人胜不了天，大气候、大趋势、长期变量，不是我们自身的行动能逆转的。

二、竭尽全力并坦然接受任何结果

我觉得风暴就在那儿。我们内心面对风暴的时候，需要提前做好准备，才能积极面对，淡定迎接。我看过一个电影《后天》，电影里面有一幅画面让人震撼，一对夫妻站在滔天的巨浪面前，淡定地携手去迎接巨浪。但在实际生活中，有一些人在风浪没来的时候就非常紧张，会自我伤害或者互相伤害。

再给大家分享一部我曾经看过的影片。2021 年有一部很棒的电影叫《芬奇》，它讲述的就是气候变化、人类面对的灾难。地球变得不适合人类居住了。人类为了争夺剩下的食物，进行了残酷的斗争。某种程度上饥饿让人变成了杀人犯，也使人变成了懦夫。我们要学习的是一种心态，一种从容面对、接受环境的心态和能力。也就是说，我们要拼尽全力去得到一些结果，然而结果出来的时候，不管它是好的还是不好的，都要接纳这个结果。我认为这是一种非常重要的能力。

站在教育者立场，从教育视角看待这场大风暴：一方面，我们需要通过知识的学习、认知的提升，早一点看到外面大风暴的到来。另一方面，我们要培养最重要的能力，往往也是我们最缺乏的能力，就是当我们看到那些不可改变的注定要发生的东西就要到来的时候，我们用什么样的心态来迎接它。

现实主义者的行动方针

15年来，真爱梦想一直专注于素养教育：从改建一间普通教室开始，到打造集图书、电脑为一体的多媒体素养教育教室——梦想中心；在华东师范大学课程研究所的专业指导下，我们已经创设了38门素养教育课程。

我们的核心信条有三个词“有爱、求真、追梦”，并且希望它成为未来中国人的精神底色。有爱是第一位的，我们最终有能力去行动，是因为我们觉得这个世界总体上是有爱的。有爱才会求真，才会追梦。

这些理念是我们的价值观，最终它会塑造我们的形象，也会从根本上帮助今天的孩子、未来的中国公民更好地应对这个世界的不确定性。我们的孩子能不能撑过大风暴，能不能救地球，我认为要从最基础的能力和素养着手，从改进基础教育开始。

一、在观念上要允许大家犯错，然后在错误中学习

所谓风暴中的不确定性，所谓用教育赋能孩子去拯救未来的地球，就是要在观念上允许大家犯错，然后在错误中学习。目前围绕教育的社会环境竞争性太大、孤僻性太大，造成他们的自我空间相对封闭。

二、保持独立清醒的认知、不断学习的态度

在拥有爱的能量基础上，我们需要有一定的批判性思考的能力，保持并利用好我们的好奇心。必须注意到，我们今天的教育在培育孩子的好奇心和批判性思考能力方面是极度匮乏的。

三、迎接巨大的不确定性，任何一个单独的个人应对不了

它需要更多的人连在一起，形成一个共识，学会商量和妥协，彼此真正地听到对方的声音，彼此真正地理解和包容，然后产生宽容和妥协，以多元、宽容、创新、妥协这些最终的人类相处之道去解决问题。

真爱梦想从创立到现在快16年了，最初五年，是弘扬爱的教育，打造“爱的共同体”；中间五年，打造“专业共同体”；最近的五年，打造“改进共同体”。从面向孩子的青色梦想，到面向全社区的金色梦想，再到和教育部一起发起“梦想工程”，就是要给我们自身，也给我们的生态伙伴带来确定性。

我们必须坚信，人和人之间是有爱的，我们是在爱中出生的。否则，这个世界就是一个非常冷漠的、按照进化演化的法则弱肉强食的世界，并最终走向灭亡。中国很大，每个人每个NGO（非政府组织）都很小、很脆弱，好在气候变化的社会共识已经出现。我相信，有了好的使命引领，方法和信心的武装，善良的、积极行动的人们还是这个世界的主流。

谢小芩

台湾清华大学通识教育中心教授

台湾清华大学文物馆馆长

慢学与慢活

中国台湾在2014年通过了实验教育相关的法规，实验教育就是在既有的主流课程大纲之外，让有各种不同教育理念的人来办学，让教育可以更多样化。

在这样的一个政策下，中国台湾的实验教育蓬勃发展。包括我待会儿介绍的两个例子，台湾还有许多和大自然的关系非常亲近的原住民学校。我们可以从他们的经验里边学习到和自然相处之道。今天就来和大家分享“慢学”，也就是有关于慢的力量的思考。

刚才大家都已经讲了非常多现在气候的变化、环境的破坏等等，这是我们共同面对的一个外部环境。

我们之前过度地扩张、超速地生产，造成地球的超负荷。我非常同意刚才潘江雪老师讲的地球不需要拯救，但地球超负荷的后果是人类需要被拯救。

我们怎么样来看这个问题？如何对地球负荷减量，降低环境对环境的破坏？我觉得很重要的是重新建立人和环境深刻的连接感。刚才好多位专家都提到体验是非常重要的，我非常同意。我们是通过体验，又不止是体验，还有建立一种深刻的连接感，感受到我和环境是一体时，才能够真正地珍惜地球环境。而放慢脚步这件事情，是我们真正建立深刻连接感、真正有深刻体验的非常重要的一个原则。

这里介绍中国台湾华德福学校的做法。他们的课程非常强调人与自然的关系：孩子从幼儿园到小学二年级，要在大自然的环境里面去游戏、去活动，让孩子们感受到和大自然是一体的；小学三至六年级是去探索，学习经验；七至九年级是挑战、观察和学习生活技能；十至十二年级就更深入探索科学。

华德福学校在小学三年级就有农耕课，孩子们整个学期都在稻田里工作。每周5天，每天2小时从事农耕，包括插秧、种植、收获，同时让孩子记录每天的活动。孩子每天都会从事农耕工作，这就不是一个表面的体验了。从一开始感觉泥巴肮脏，到后来与可怕的蜈蚣开始相处，还要面对天气的不可抗因素等等。这些都是他们需要面对的，从而对大自然有了深刻的体验。

五年级是观察植物的生产环境，他们也认识蜜蜂，深入探讨蜜蜂在植物生态中的作用。这样的植物课也是一整个学期，一周有5天，每天有2小时的时间。当然还有很多其他的课程去做横向连接，让学生们更深入整体的学习，在感情、身体、认知上都有所学习。

五年级还有一个木工课。木工课也是孩子们认为很重要的课程，他们非常喜欢木工课，木工老师每天要做课程记录。孩子看到最早木头的样子，从树林里边搬运下来，他们要劈成比较小的片，要用各种工具去制作他们要做的东西。就五年级来讲，他们要做的是一个小圆凳子，这是真实可用的。他们亲手来做，当然非常慢，但是在这个过程中孩子非常专注地投入，而且能感受到木头和他们之间的互动，以及如何在手里慢慢成型的过程，带来一种很深刻的体验。

华德福学校也和泰雅族的手工艺人合作。在台湾地区，泰雅族的传统编织

非常有名，他们有一个传统习俗，要为出嫁的女儿做一个织布机。怎么亲手来做织布机呢？木工老师自己思考了很久，后来从部落文化传说中去学习。这就有一点像酿造女儿红，女儿生下来之后就要开始酿一坛酒，等到出嫁的时候送给她。做一个织布机送给女儿，这不是三天两天的事情，是多年亲手慢慢做出来的。在这个过程中，有意志力，有技术，还有更多的爱与期盼，大家可以感受其中的心意和价值。

下面我介绍另外一个实验学校，是一所高中，它叫汗得建筑工事实验教育机构，就是高中生来盖房子。它的名字叫汗得，也很特别，就是流汗必有所得。他们有很多不同的学习场所，不光教室，也有工地，也有一些合作的机构。学生做了一些演练之后，他们就去盖房子。你可以看到，这些高中学生非常专注地去跟他们的材料互动，无论是机器，或者是木头，要仔细思考怎么样去切割，怎么样去测量等等，他们也要做很多自己的手作笔记。台湾很热，他们盖的房子，夏天不用开冷气，这是一个很生态环保的房子。

今年夏天我参访了一所英国的学校 Ruskin Mill Trust，也是一所很注重与大自然互动的学校。他们第一所学校在伦敦附近。他们从照顾羊，帮羊剪羊毛开始，到用羊毛制作一些实用的东西，比如编织围巾、帽子、手套等，这就是他们的课程。这些课程都需要花费很多的时间，都是不以快为主，而是慢慢地去和大自然互动。

比如说木工的话，会到树林里边去找一段木头，从年轮了解这段木头的生长环境，然后去做木工，可以做出很多小东西，也可以做出很大的东西。慢的能力可以让我们静下来体会人和环境的关系，通过深刻的连接，产生珍惜环境的想法，从而带动行动。我自己深深感觉到大人首先要学习慢的能力，建立与自然、与环境的连接感，然后再通过言传身教，和孩子们一起热爱并珍惜我们的环境。

以上是我的报告。谢谢！

张喜崇

马来西亚新纪元大学学院国际教育学院助理教授

马来西亚华文独立中学对环境教育的策略和实践

谢谢程介明教授，谢谢主办单位的邀请。各位专家、前辈、教育同道，大家中午好！

我是张喜崇，来自马来西亚。马来西亚是由两个地理板块组成的国家，一个是位于西部的马来半岛，还有一个是东部婆罗洲岛的东马。我所在的单位是马来西亚华校董事联合会总会（简称“董总”），负责协调华文独立中学（简称“独中”）的课程和考试。这个由马来西亚华人社会筹办的独中教育体系，其学校分布在马来西亚的马来半岛和东马。马来西亚是一个位于赤道的国家，常年如夏，也不处于地震的板块，没有火山和台风。所以人类最担忧的自然灾害，基本上都不会在马来西亚发生，但是这并不代表马来西亚完全没有环境灾害的问题。

接下来我和大家简单汇报过去两年（2022—2023）曾经在马来西亚发生的比较严重的环境灾害的问题。第一个环境灾害问题是烟霾，这个问题长期困扰着马来西亚。根据2023年10月9日的报道，在马来西亚半岛有多处地区的空气污染指数超标，影响人的健康。另外一个环境灾害事件发生在2022年12月，一个叫峇冬加里（Batangkali）的地方发生了滑坡，当时有很多老师和学生在那里露营，造成了31人丧命，包括13名儿童，这个事件引起全国震惊。第三个是2022年9月份的全国性水灾。根据新闻报道，当时的水灾事件影响了1000万人。马来西亚只有3000多万的人口，所以当时的水灾影响了1/3的马来西亚人，是非常严重的环境灾害。最后这一件是人为环境灾害，是莱纳斯（Lynas）在马来西亚设厂的课题。莱纳斯是一家提炼稀土的公司，稀土的废料会释放辐射。这个课题受到了马来西亚各界长期的关注，到现在为止还在持续中，尚未获得圆满的解决。

上面是马来西亚面对的环境灾害的部分问题。回到我所服务的单位，刚才程介明教授也提到，在2018年针对新一轮马来西亚华文独中的改革，我们提出了《独中教育蓝图》，其中在新编制的《课程总纲》中有一个素养就是全球视野与永续发展。我们把全球视野与永续发展配合联合国提出的17项永续发展的项目一起推展。接下来我的报告会从两个角度来谈：一个是从"董总"推动的角度，即如何从课程部分贯彻环境教育的内容；另外一个角度就是从学校自行筹办的、自发推动的一些当地课程，结合当地的环境教育课题来谈。

马来西亚"董总"课程针对环境教育这一块，并没有设置有关环境教育的指导文件。但是我在准备这个汇报之前，做了一个简单的调查。在我搜集到的12个学科里，包括初中和高中的教科书内容，有约70个主题是直接或间接与环境教育相关的。比如说华文科初二下册，就有一篇课文谈到守护家园，这个课文讲的是关于河流的保护。在马来西亚有一种特殊的河流景观就是萤火虫，它们会在红树林憩息，到了夜晚就会发亮，非常漂亮。可是这个景观会随着水质和气候的变化而变化，使得萤火虫数量减少，这篇课文就是谈到这个现象的变化。

初中科学与环境的课题关注自然不在话下。我举几个课题：初中科学教育谈到了水污染和空气污染的问题，还有地球资源的可持续利用。除此以外，初中历史看起来跟环境教育没有太大联系，实际上也有单元谈到环境教育的内容。就是在谈到工业发展的时候，会谈到工业与污染的问题，让学生了解工业发展与环境污染的关系。

高中部分，也将环境教育的内容贯穿在各个学科。比如说高中英文，其中有一个单元就谈到了生物学家珍·古德（Jane Goodall）保护黑猩猩的故事。高三商业学课程第五章的内容，谈到了企业家的社会责任、企业伦理，以及企业如何保护环境等。除了教科书内容与环境教育有关，我们也培训老师如何教授环境教育课程。

接下来谈到的就是由学校自发统筹的当地环境教育课程，也是配合“董总”提出的《学校本位课程规划与发展指南》。我有幸在2023年8月份参与了有关学校统筹的校订课程的研讨会，这次研讨会就是以联合国17项永续发展的目标，作为当地课程发展的主轴。

我这里列举几个当时研讨会与环境教育有关的校订课程。比如说马来西亚吧巴中学谈到的“‘减’单生活，摆脱‘塑’缚”，有关资源回收。马来西亚的崇正中学谈到珍惜粮食，和环境也是息息相关。马来西亚槟城大山脚日新独立中学谈到“‘回锅’返‘皂’”，就是收集回锅油来制造肥皂。以上这些课题都是老师跟学生共同参与的活动。

另外还有吉华中学提出的“鱼米之‘象’，年年有余”，谈到海洋保护的课题；古晋中华一中也是探讨海洋保护，谈到老师如何带领学生去做净滩的工作。宽柔中学至达城分校，就有一位老师带领着学生做昆虫生态保育主题的课题。回到马来西亚靠近吉隆坡市中心的地带，位于吉隆坡的循人中学就有老师带着学生做空气污染指数的研究。波德申中华中学做的是“红树林保育”的课题。

以上是我跟大家简单汇报的马来西亚独立中学教育体系里开展的有关环境教育的课题。虽然马来西亚独立中学教育体系没有特别针对环境的课题，但是我们在课程中贯彻环境教育。独中长期以来也在各个层面开展环境教育的工作，比如说绿化、资源回收、无塑料袋、无吸水管、垃圾分类、净滩、测试水质、测试空气污染等等，都是学校不定期在校园内展开的环境教育活动。虽然马来西亚不处于直面环境或气候变化冲击的地区，但是我们依然教导学生努力扮演好世界公民的角色。地球是大地的母亲，我们每一个人都应该为保护大地母亲尽一份力。

分论坛一

杨贵平

中国滋根乡村教育与发展促进会首席专家

教育促进可持续发展：欠缺、必要、紧急

各位嘉宾、各位老师：

今天论坛的主题关于气候、教育、学习，气候摆在这么重要的地位，因为我们现在的气候变化已经到了非常危急的时期。气候变化是威胁人类生存和发展的重要议题之一。

一、教育促进可持续发展

提出可持续发展，是因为人类在很多方面正面临着“不可持续的发展”的危机。那么，什么是不可持续的发展？从工业革命以来，尤其是以美国为主的资本主义发展的道路，生产是为了利润和累积资本，不停地增加生产、刺激消费。一旦不增加生产，就会有经济危机。但是我们地球的资源是有限的，这种无穷增长的生产消费和有限的地球资源形成了巨大的矛盾，直接影响到人类的生存，引起了全球广泛重视，于是提出了可持续发展。

1987 年，挪威首相布伦特兰夫人，在联合国组织的世界环境和发展委员会做的《我们共同的未来》报告中，提出“可持续发展”的定义，“既满足当代人的需求，又不对后代能够满足他需求能力而构成危害的发展”。其中几个重要的观点：第一，是需求，而不是欲望；第二，是跨代的，不只是这一代；第三，地球极限和无限的增长。

1992年，联合国在巴西里约热内卢举行了国际环境与发展会议，又称“地球峰会”，来自179个国家的政治领导人、外交官、科学家、媒体代表和非政府组织齐聚一堂。峰会的结论是，可持续发展的概念是全世界人民可以实现的目标，并提出可持续发展的三个支柱：第一，是经济活跃；第二，是环境责任；第三，是社会公平。后来又加上了文化多样性。这四个促进可持续发展的支柱，互相联系、互相影响，个个都重要，一个不能少。会议还认识到，需要对我们的生产方式和消费方式、生活方式和工作方式以及决策方式有新的认识。这一概念在当时是革命性的。

在促进可持续发展的框架下，联合国提出了2015年到2030年可持续发展的17个目标，每个目标都有非常清楚的指标和衡量标准，有193个国家标准。

什么是教育促进可持续发展？

促进可持续发展，教育是关键。培养每个人对可持续发展所需要的知识、意识、技能，并参与行动，是国际共识。联合国教科文组织将2004年到2015年定为教育促进可持续发展的十年，教育要将可持续发展的相关内容（经济的可持续、环境的可持续、文化多样性、社会平等的重要议题）融入终身学习范畴，培养学习者可持续发展的知识、态度、技能，并积极参与行动成为负责任的公民。

二、30年来中国滋根在农村推广教育促进可持续发展的经验

中国滋根乡村教育与发展促进会（以下简称“中国滋根”）成立于1995年，是在民政部登记的全国性公益社团，近30年扎根中国农村。中国滋根项目从教育扶贫开始，支持贫困地区女童入学，改善贫困地区办学条件，改善学校基础设施，进行乡村基本医疗卫生等教育扶贫项目。近30年来，中国的经济快速增长，人民生活普遍改善。但在经济发展的同时，环境遭到破坏，丰富多彩的乡土文化正在消失。现在许多乡村里的年轻人都进城打工去了，留下的是老年人、妇女和儿童，乡村振兴面临巨大的挑战。

中国滋根十多年来，从扶贫助学转向教育促进可持续发展，建立绿色生态文明学校和乡村，在课程中融入环境保护、乡土文化传承创新和劳动教育，培养学生认识、关心自己的家乡，参与建设家乡的行动，成为有社会责任的公民。

在可持续发展的框架下，中国滋根针对农村不同人群开发推广了系列培训课程：

一、在可持续发展框架下，针对农村的教师、家长、学生及成人开发系列培训课程，其中包括：共创可持续发展乡村教师培训，培训对象是农村九年义务教育学校的教师；乡村振兴可持续发展人才培训，培训对象是县、乡、村长期工作的人员及成人学校的教师；可持续发展公益人才培训，培训对象是从事乡村教育及乡村发展的公益组织人员；可持续发展妇女带头人培训；青春期女性健康教育教师培训。

二、创建绿色生态文明学校及乡村，为教育促进可持续发展起试点示范作用，培养学校的教师、学生和家长，让他们获得有关可持续发展重要议题的知识、态度、技能。

（一）创建绿色生态文明学校带来的改变

1. 学校的改变

成立绿色生态文明学校需要有政策支持，还要保证足够的课时（每周不少于 2 课时），对教学的教师要有激励机制。绿色文明学校要起到试点示范推广的作用，如组织参观，召开推广会议，媒体报道，定期活动介绍等。

2. 教师、学生的改变

绿色生态文明学校的教师要参加“共创可持续发展乡村教师培训”，将培训课程内容融入课堂教学，组织各种校内校外的教学活动并写成教案。还要引导学生参与教案的教学活动，帮助学生获得教案中的知识、态度和技能，如垃圾回收分类、“三节省”、人与环境共生等。

3. 家长的改变

家长更加积极地参与绿色生态文明学校的各种活动，如环保活动、乡土文化活动等。

2016年至今，中国滋根已支持云南玉龙、贵州榕江、河北青龙、湖北武汉新洲区、内蒙古林西等17个县域，建成超过100所绿色生态文明学校，惠及近12万名乡村学生。另有3000多名乡村一线教师参加了“共创可持续发展乡村教师培训”，成为绿色生态文明学校建设和可持续发展教育的主要推动力量。

（二）创建绿色生态文明乡村带来的变化

培养乡村振兴可持续发展人才，参与本乡本土可持续发展的行动，最重要的举措就是建立学习型乡村，丰富乡村正规教育（有目的、有计划、有组织的学校教育）、非正规教育（针对不同群体有组织、有计划的短期培训）和非正式教育（随时随地的学习）等不同形式的学习机制。

三、推动教育促进可持续发展的困难

2021年世界可持续发展教育大会报告指出，45%的国家没有环境教育，很多教师没有受到过关于可持续发展的培训，很多国家没用国家力量真正推动教育促进可持续发展。由此可见，国际上推动教育促进可持续发展并不理想，推广可持续发展教育是极端欠缺、必要且紧急的。

国际上推动教育，促进可持续发展的困难体现为四个矛盾：一是促进消费和提倡节省节约之间、促进消费和增加生产之间的矛盾；二是课程内容和实际生活不相符的矛盾；三是学校只看重学生学科成绩，与学生的能力发展之间产生的矛盾；四是传统的以教师为中心的教学方法和以学生为中心的参与式教学方式之间的矛盾。

具体到中国农村推动教育促进可持续发展，目前存在的不利因素有：应试教育，只看重学科成绩，教师的评价完全和分数挂钩；课程内容与农村生活不相符；学习内容过深过难，学习任务过重；学校布局不合理；教育不公平问题；寄宿制学校贫困留守儿童与女童问题等。

中国农村成人教育及职业教育，目前存在的不利因素有：欠缺与生活相关的短期培训；没有与农村相关的图书、报纸等纸质阅读资料，最大的阅读来源是电视；乡土文化急剧消失，取代的是城市的消费文化；职业教育偏重纯技术，很少融入环境保护、传统文化、乡土文化及性别平等等内容。

最后，我们希望每个人都能参与到建设美丽家乡的行动中来。希望每个人都有环保的知识、意识和行动；希望每个人都尊重自己家乡的文化；希望每个人都勤劳节俭、尊老爱幼；希望每个人都能达到天人合一的境界。这是我们的梦想，谢谢大家。

李光对

中国滋根乡村教育与发展促进会可持续发展教育专家

联合国教科文组织中国可持续发展教育项目农村教育特邀专家

普职成三教协同，系统融入可持续发展教育

中国滋根乡村教育与发展促进会（以下简称“中国滋根”）长期在中国农村地区推广可持续发展教育，目标是在基础教育、职业教育和成人教育中系统融入可持续发展教育，促进可持续发展教育的主流化，使儿童、妇女和老人都能获得可持续发展教育重要议题的知识、意识、态度和技能，并能实实在在地参与到促进可持续发展的行动中。

实现可持续发展教育主流化有明确的标准，就是开展可持续发展教育要有政策的支持和经费的保障，纳入教师培训，融入课程与教学方式，进入学生评估等。

希望通过我们共同的努力，能促进学校、教师、学生、家长以及全社会的改变，使每个人都能够立足本土放眼世界，具有忧患意识、系统性思维和批判性思维，做有责任感的公民。

一、为什么要再提推广可持续发展教育

第六届世界教育前沿论坛的主题是“气候·教育·学习：力挽狂澜，由我做起”，气候变化包括极端气候和全球变暖等，核心是如何减少碳排放的问题。我们计算碳排放不能只看产品的生产和使用过程，而要系统性看待整个产品的生命周期，这样就会与可持续发展的目标相统一。所以我们再次提出要推广可

持续发展教育，一定要兼顾针对性和系统性。我们希望每个人都能够了解与气候变化相关的可持续发展的目标和议题，认识到问题的严重性和紧急性，并能够参与其中做一些改变。

在中国农村地区开展可持续发展教育非常欠缺、非常必要、非常紧急，这也符合中国政府提出的两个100年发展目标，符合经济、政治、文化、社会、生态、文明五位一体的发展总布局，符合产业兴旺、生态宜居、乡风文明、治理有效、生活富裕的乡村振兴战略。正是因为中国还有大量的农村，所以美国中美后现代发展研究院创院院长、美国国家人文与科学院院士小约翰·柯布提出“生态文明的希望在中国”，而农村教育目前又是促进乡村可持续发展最重要、最有效的方法之一。

二、项目框架：调研评估—培训辅导—试点支持—总结改进—推广倡导

从2013年起，中国滋根先后和北京师范大学、中国农业大学合作，深入乡村开展调研，用参与的方式与一线教师和村民共同开发教师培训、农村带头人培训课程，试点支持绿色生态文明学校和绿色生态文明乡村，不断总结和改进项目，并向社会推广和共享低成本、可持续的项目经验做法。经验就是培养当地的教师和骨干开展项目，请他们参与到整个项目流程的全过程，包括调研评估、短期培训。同时认识到仅提供三四天集中培训是不够的，很多过程都需要辅导。不仅如此，还需要和他们讨论培训后的实践方案，共同设计行动计划，并且提供试点支持，共同总结经验，实事求是地推广可行做法。

三、试点历程

中国滋根的可持续发展教育项目主要是与县域合作和推广的。我们认为县域的基础教育、职业教育和成人教育共同构成一个农村终身教育的体系，所以要在这三种教育中设立项目试点支持，融入可持续发展教育。

1. 在县域正规教育的学校体系中试点支持创建绿色生态文明学校。接下来会有贵州松桃苗族自治县乌罗镇完小的杨荷花老师和河北青龙满族自治县山神庙寄宿制小学的王文双校长来介绍绿色生态文明学校创建的具体经验成果。

2. 在县城职业教育、成人教育学校试点支持县域村民学习中心，在职业教育领域融入可持续发展教育。本论坛也邀请了河北青龙满族自治县职业技术教育中心的李昭阁老师做具体的案例分享。

3. 支持村庄内的成人教育，支持绿色生态文明村建设，促进乡村可持续发展。由职教中心牵头，研制针对村民的主题明确的短期培训课程，推进村民社区学习，把村庄建设成为全民参与的、合作互助的、终身学习的可持续发展乡村。具体经验将由河北青龙大森店村的第一书记鲍际英在后面分享。

四、培训种子并跟踪支持很重要

所有的这些想法要实现，寻找项目的落地人是关键。乡村中的小学教师、职业教育学校与成人教育学校的教师、乡村带头人、乡村的妇女骨干，这些都是最重要的合作伙伴和同行者。针对他们，我们与专家团队开发了共创可持续发展的乡村教师培训，开发了乡村振兴可持续发展人才培训、共创可持续发展的乡村妇女带头人培训。培训涉及了环境责任、性别平等、文化多样性等最重要的可持续发展议题，凝聚了大家的共识。所有的试点方案，以及实施试点方案的后续专业支持，都要通过这些种子逐步培育成项目的专业骨干、带头人、合作伙伴来开展。

五、“二绿一中心”是融入可持续发展教育的具体抓手

我们在基础教育、职业教育、成人教育中，全面、系统、深入地融入可持续发展教育。具体包括：在基础教育方面，支持绿色生态文明学校的试点；在职业教育方面，支持县域村民学习中心；在成人教育方面，发展针对村民的短期培训课程并支持绿色生态文明村试点。三方面协同支持，共创可持续发展的乡村。

在绿色生态文明学校的创建中，第一，理念引领是关键。我们80%以上项目学校的授课教师会参加为期3天、内容为6个专题的共创可持续发展乡村教师培训，这6个专题的主题是非常明确的，包括以学生为中心的教学环境教育、乡土文化与民族文化的传承、学校家庭乡村合作、性别平等教育项目实践行动等，紧扣可持续发展的主题。

第二是项目推动。从教师培训、劳动实践基地、可持续发展教育融入课堂教育、节日活动、区域性教研活动等几个方面，搭建绿色生态文明学校创建的框架。

第三是在教师培训、教研活动、课程教学、社团活动、学校管理、文化建设、社会参与和影响社区等学校常规工作中融入可持续发展的理念。

在我国，从南到北农村学校的现状和资源都不尽相同，所以绿色生态文明学校也不是长一个模样。我们提供了一个框架，每个学校可以在这个框架内有不同的创造和创意。

这个框架就是在教师成长、课程教学、文化营造、示范设施、激励机制及社会示范等六大方面，开展环境教育、乡土文化教育、性别教育、家校合作等四大内容。具体的项目活动采用以学生为中心、参与培训的方式由学员讨论发展而来，从而切实促进学校、教师、家长和学生的改变。

从2016年到2023年的7年间，中国滋根在全国20多个县100余所乡村学校举办了七届全国性的教师培训和很多场的区域性教师培训，培训了5000余名一线教师。项目学校80%以上的教师都参加了可持续发展主题的教师培训，并将培训的专题写成教学教案，开展主题教学，把可持续发展相关专题融入课堂教学和校内校外的各种活动中。

绿色生态文明乡村的创建是全员、全方位、全程参与的创建。绿色生态文明乡村创建希望动员村庄的老人、妇女、儿童、回乡创业者以及外出务工者等五类不同群体参与进来，在终身学习、环境保护、乡土文化、经济发展及村庄合作治理等五个方面支持项目需求和实践行动，促进乡村的人才、组织、产业、生态和文化等五个环节的可持续振兴，促进乡村的可持续发展。每个维度都有五个方面，都考虑进去了才叫“全”；三个维度项目都考虑到了，才叫“全”。

再次强调的是，所有这些项目（培训）都采取参与的方式，或者以学习者为中心的方式开展，否则就很难做到纲举目张，很难做到普遍性和特殊性相结合，很难做到调动当地的主体性。我们提供了理念、框架、方法以及基本原则，所有的需求、项目都要通过参与的方式由当地提出和开展。

六、合作推广

教育促进乡村的振兴、乡村的可持续发展，可以说任重道远。就像刚才杨贵平老师说的非常艰难，在农村地区推广可持续发展教育会遇到很多的挑战，中国滋根只是做了一些尝试与试点。虽然我们已经做了100余所绿色生态文明学校，已经培训了5000余名乡村教师，也已经积累了近百名种子教师和本地培训教师，使学生获得了2万多节的可持续发展教育课程，10万余名学生对可持续发展教育有了最基本的了解，但这还远远不够。

我们与北京师范大学中国民族教育多元文化研究中心和中国农业大学人文

与发展学院合作开发培训课程；我们与中国成人教育协会、中国教育电视台以及各项目区县教育局合作培训推广；我们与联合国教科文组织、中国可持续发展教育项目全国工作委员会，以及联合国教科文组织国际农村教育研究与培训中心合作召开会议，包括今天这样一个国际性的大会，让更多的人、更多的团队能够参与到可持续发展的过程中来。

乡村是我们共同的家园，促进乡村的可持续发展是我们共同的理想，希望更多人能参与进来，共同推动可持续发展教育主流化。谢谢大家！

韩中凌

中国滋根乡村教育与发展促进会乡村教师培训师

内蒙古赤峰市教育科学研究中心教育督导评估监测室主任

可持续发展的乡村教师培训：整体布局与推进路径

各位老师好，非常荣幸能够参与这次论坛。我是内蒙古赤峰市教科研中心教育督导评估监测室的韩中凌，也曾经是中国滋根乡村教育与发展促进会（以下简称“中国滋根”）培养的一名种子教师，后来逐步成长为中国滋根的乡村教师培训师。这些年，我深度参与了中国滋根教师培训工作，也亲历了乡村教师培训的四个阶段。下面就同大家做一个简短的交流分享。

中国滋根教师培训的第一个阶段是整体规划，以种子培训来聚焦可持续发展主题。

可持续发展的关键在教育，实施可持续发展教育的关键又在教师，所以中国滋根最早提出了教育要有“三新”，也就是刚才杨贵平老师讲到的“新内容、新方式、新方向”，并把可持续发展的四个主题作为教育的应有之义。

中国滋根立足于中国乡村实际，又借鉴国际经验，开发了 6 大主题的培训。针对种子教师的培训，专门设计了参与式培训的练习。中国滋根与高校合作开启的教师培训，目的是建立一支节约的可持续的培训师团队，通过 2—5 名种子教师，对当地 5 所实验校至少 80%的教师开展辐射性培训。参训教师要能够通过学科渗透主题活动、校本课程等形式开展这些主题活动，并能够建立学生社团，丰富校园生活。截至目前，中国滋根已经先后培训了 5000 多名乡村教师，有 10 万余名乡村学生受益。中国滋根要求参训教师一年要写至少 4 篇与主题相关的教案，并且编印成册，作为当地的乡土教材。通过参训教师开展教学活动，创建绿色生态文明实验校，并对当地起到试点和示范作用。到现在为止，中国滋根在全国 9 个省市共创建了 100 多所实验校，其中有 21 所入选可持续发展教育实验校。

在中国滋根与各高校联合开展的培训中，参与的培训方式、六大主题的培训内容，受到了种子教师的热烈欢迎，让包括我在内的很多参训者受到强烈触动，从而确立新的教育愿景。即通过教育改革来应对人类社会危机，通过教育重构来改变自己所在的乡村世界。

与此同时，出现的问题是，我们这些种子教师在回到当地进行二级培训的过程中，因为各种因素的制约导致了培训质量的衰减。特别是从后期征集的教案来看，我们的教师因为长期受传统教学方式的影响，教案的设计大多是展示、表演，师生关于可持续发展的意识、态度、技能、行动等等，还处在可持续发展教育的表层。

鉴于此，中国滋根的教师培训就进入了第二个阶段，就是要开发教案，用普及推广教案来增强师生的行动实践。更具体地说，就是在种子教师的培训当中增加了一个新的内容，培训教师撰写可持续发展教育教案。主要是引导教师对已有教案存在的问题进行深度反思，反思这些问题产生的原因，提出今后改进的方向，形成一整套规范教案的基本样式。我们重点关注的是对活动目标两个维度、三个层次的细化，通过引导教师先分解目标，再对准目标策划教育实践活动。在此过程中，要确保教案从设计到实施不偏离主题。我们还要求教师在教案里面增加一个活动评估的内容，目的是实现教、学、做、评的一体化。

这里有一个教案设计“五结合原则”，即：教案设计要与培训的主题相结合，教案设计要与学校教学的课程主题相结合，教案设计要与学生的生活实际相结合，教案设计要与教学地点相结合，最后一个最重要的原则，教案设计要与以学生为中心的教学方法相结合。期待教师们在贯彻这五个原则的同时，能够让可持续发展教育理念，真正扎根于学校的日常教育教学活动中。

光提要求还很难见到实效，所以我们中国滋根的教师培训很快又进入了第三阶段，在教案撰写上注重示范引领，以提供方法来影响学校的教育模式。

我们在坚持精选优秀教案的基础之上，聘请了8位长期坚持可持续发展教育研究与实践的教师，创编了25篇示范性教案，编写成册，分发到各个绿色生态文明学校，供一线的教师参考和实践。这些教案除了关注单个主题，还关注跨学科、跨主题，兼顾经济、环境、社会公平和文化多样性，设计系统的整体的教育活动。

进入2023年，我们的教案撰写又进入了一个新的阶段，也就是开始写公共教案，以公民行动来引领学校的教育改变。

2023年5月，杨贵平老师带领我们六人编写团队，深度学习了《2030年可持续发展教育议程》，又让我们研读了近百篇国际上的优质教案。通过编写可持续发展教育公共教案，让17个可持续发展目标直接进入中小学课堂，实现教育与生活环境的有机联系，促进绿色生态文明学校教育的系统变革。最重要的是帮助乡村教师掌握可持续发展教学的策略和活动技能。目前我们已经定稿13篇，还有几篇正在打磨之中。

这些年，中国滋根就是这样对照可持续发展的教育理念，在教师培训进程中不断反思，在实践中不断去发现问题、研究问题和解决问题。所以，教师的教案撰写能力也在不断提升，绿色生态文明学校发生了显著改变。

比如说乡土文化进校园，已经在所有绿色生态文明学校中得到100%普及。在此基础之上，很多绿色生态文明学校又结合当地的环境特点、乡土文化特点，创造了自己的特色。例如河北省青龙县第三小学，他们在小种植、小养殖、小食堂的基础之上，开挖了沼气池这一可再生资源，让孩子们在劳动实践中，既能够关注到环保问题、生态问题、健康问题，又创造了校园经济的良性微循环。

再例如，我们内蒙古赤峰市林西县统部寄宿制小学，他们就把当地乡土文化中的玉米皮粘贴画引进校园，作为学校的校本课程。美术老师不光编写了教材，借助校园开展课程，让课程获奖，个人也在相关的专业期刊上发表文章，实现了飞跃性的专业成长。学校又进一步把乡土文化做大做强，与当地的经济文化融为一体，在妇联的影响之下创办了玉米皮文创产业。2020年，玉米皮粘贴画成功申请赤峰市级非物质文化遗产项目。在2022年，玉米皮粘贴画又成为县里专门针对居家妈妈的扶贫项目，由“指尖技艺”变成“指尖经济”，为妇女巧手增业、创业、增收做贡献。我们的可持续发展教育就这样真正促进了当地的可持续发展，美好的愿景在我们的绿色生态文明学校及其所在的地区成为现实。

最后，我想说的一句话是：只要我们教师与学生同行，我们就一定能够共创可持续发展的乡村。我的分享到此结束。

杨荷花

贵州省铜仁市松桃苗族自治县乌罗镇中心完小数学教师

携手共护青山绿水

我是贵州省松桃苗族自治县乌罗镇中心完小教师杨荷花，我分享的题目是：携手共护青山绿水。

一、活动背景

乌罗镇中心完小在松桃县的西部，距离县城 65 公里，现有教师 73 人，学生 1144 人。我们的学校坐落于世界自然遗产地、风景旖旎的 5A 旅游景区梵净山脚下。我镇的部分村寨是梵净山核心区及缓冲区，有“中华神州第一奇”的潜龙洞，还是铜仁市美丽锦江河的水源头。可见，环境保护非常重要。

2019 年 11 月，乌罗镇中心完小与中国滋根乡村教育与发展促进会（以下简称“中国滋根”）结缘，成为绿色生态文明项目学校。中国滋根组织我校教师参与外出培训，通过培训引起教师们对于环境问题的关注，获得有关环境教育的知识；并且每年给予我校资金帮扶，便于我校开展环保教育的有关活动，让我校师生进一步强化绿色生态文明保护和可持续发展的意识。

在教育教学中，我校教师制订了一系列关于生态环境保护的教育教学及主题班会活动，提高了学生的环境保护意识。组织师生对辖区河流及集镇开展广泛调研活动，通过调研发现，我镇水资源环境受到了一定程度的污染。调研后，徐峰老师向学校汇报了调研结果，学校立即制订了工作方案和措施，带领全体师生开启了水资源环境保护行动。

二、具体做法

（一）学校引领

学校组织教师参加教案征集评比，2023年我校有一篇以保护环境为主题的教案入选中国滋根绿色生态文明学校优秀案例集。学校在世界地球日这天组织学生开展了寻找最美水资源活动，选取镇内的一条河道从下游一直往上游找寻，一边清理垃圾一边找寻干净水源，然后再进行野炊活动。在找寻水源的过程中，教师与学生广泛开展互动交流。为什么被污染的水不能用于野炊？通过与学生的一问一答，让大家切身感受到干净水源的重要性和来之不易。

（二）社会关注

活动结束后，学校组织学生开展了以“保护生态环境、保护水资源”为主题的作文竞赛。通过作文评比，把优秀的作文汇编成校刊，让全体师生及家长传阅，让每一个人都明白爱护环境、保护水资源的重要性。

接着，我校徐峰老师再次组织学生进入村民家中进行保护环境、保护水资源的宣传教育，同时还在河道周边放置有宣传标语的标牌、标识等，进一步提升群众生态环境的保护意识，引导当地群众积极参与到保护生态环境、保护水资源的行动中来。

（三）定期开展

定期开展巡河护河行动，真正把保护生态环境、保护水资源作为要事来抓，做到人人参与、人人监督、人人受益。

通过近三年的行动，当地村民和学生已经形成了良好的环境保护意识。比如，我们的学生看见地上的垃圾会主动弯腰捡起，如果手里有垃圾，在没有垃圾桶时他们会一直拿在手里。我们的村民也不会把生活垃圾乱丢乱倒。通过家校社合作，共建生态和谐家园，这里的天更蓝、山更绿、水更清、环境更美好。

我的分享结束，敬请各位专家提出宝贵意见。谢谢！

李昭阁

河北省秦皇岛市青龙满族自治县职业技术教育中心教学处主任

乡村振兴贡献职业教育力量

很荣幸能有机会参加本届教育论坛活动，与各位专家教授如此近距离地学习接触。我从一名中职教育工作者的视角，谈一下我校基于县域经济社会发展实际，促进可持续发展的相关做法。

一、调整专业布局，促进县域绿色经济发展

职业教育的第一要务是服务县域经济的发展。根据县域经济由大力发展钢铁产业调整为压缩钢铁产能，协调发展绿色生态产业的需要，我校主动调整了专业布局，增设了园艺技术、旅游服务与管理、电子商务、游戏动漫等相关专业。同时我们把传统汽车向新能源方向进行调整。根据我县光伏、蓄水发电、风力发电等产业特点，我们将机电专业向新能源方向进行了调整。我们希望通过调整专业布局，早日实现碳达峰和碳中和，实现经济可持续发展，贡献我们职业教育的力量。

二、强化培训，提高教师的可持续发展教育意识

为实现可持续发展，教师的意识和知识储备是关键。我校采取校内培训、专家大讲堂、教师外出培训等多种方式，对教师进行培训，理解可持续发展教育的理念，转变教师的观念。如前不久由中国滋根乡村教育与发展促进会（以下简称“中国滋根”）主办、我校承办的职业教育促进乡村振兴可持续发展研讨会及乡村振兴可持续发展人才培训会，对教师非常有帮助。通过多次的培训学习，实现教师素养全面提高，对全面融入教学打下基础。

三、开发课程资源，设计可持续发展教育教案

我校开发多门课程，其中有5门课程得到中国滋根的大力支持，侧重体现节能环保、新能源、新兴技术、乡村旅游等可持续发展理念，并在疫情期间，通过网络教学的方式，让同学们对可持续发展有了新的认识。

同时，我校教师积极参与教案教学设计的评选活动，2022年我校有5位教师参与，内容涵盖了以人为本、终身学习、绿色生态等方面的内容，被中国滋根统一收入参考教案集，为后续的培训和教学提供指导。我们把教学设计和可持续发展知识融入各学科教学之中，同时作为课程思政元素，也融入教学之中，均收到了良好的教学效果。

四、活动渗透，提升学生可持续发展素养

在世界环境日、地球日等节日开展各项宣传活动，让学生知道爱护自然、爱护地球的重大意义；开展赋能未来专业研学等活动，让学生明白可持续发展的意义；将非物质文化遗产引入校园，让学生懂得文化传承的意义；将激光雕刻和环保物品融合，让学生理解科技与环保可以有机融合；通过多种活动案例引导学生将发展理念扎根心中，从小树立关爱生命、爱护环境的意识，明确使命与责任，提升可持续发展素养。

五、深化培训引导，助力乡村振兴

为服务县域经济发展和乡村振兴工作，我校充分利用校内外人才和技术优势，培养新型农民双带头人，深入基层进行培训。先后开展了礼仪、农产品营销、新能源、家政等培训班。我校孙老师礼仪学堂开展的无论是校内学生礼仪培训，还是社会成人培训，都得到了大家的广泛认可。我校将开发课程和教学设计应用于各个培训，实现了剩余劳动力就业、农业增收、乡村和谐发展，在脱贫攻坚和乡村振兴中贡献着职业教育的力量。

六、可持续发展思考与建议

第一，加强有关生命安全、全球生命共同体等可持续发展的知识学习，将可持续发展的知识与理念融入课程，融入教材。

第二，多征集可持续发展的相关案例，为职业教育教学提供可借鉴的经验。

最后，让我们共同努力，在服务经济可持续发展的同时，促进绿色职业教育的发展。也敬请各位专家提出宝贵意见，不妥之处请多批评指正，谢谢大家！

鲍际英

河北省秦皇岛市青龙满族自治县大森店村第一书记

打造绿色村庄，走共同富裕之路

各位专家，各位老师：

大家好！

我是河北省青龙满族自治县大森店村第一书记，我发言的题目是《打造绿色村庄，走共同富裕之路》。

我们大森店村是中国滋根乡村教育与发展促进会（以下简称“中国滋根”）的项目试点村，多年来得到了中国滋根的指导和帮助。

第一，参加培训考察学习，制订绿色村庄规划。我任村支部书记以后，我们大森店村得到了中国滋根的扶持。从 2001 年到现在，我带领村“两委”班子和全体村民一道制订了绿色村庄规划。方案来自杨贵平老师从美国发过来的绿色村庄规划。在中国滋根的指导下，我参加过两届国际政策论坛。政府也提供机会，让村“两委”班子参加了多次的培训。通过培训，我们邀请到学者和专家，与干部群众共同商定了绿色村庄规划，农林牧副得以齐发展。

第二，建设可持续农村社区，推进新老社区居民低碳生活。现在新的居民区采取了太阳能取暖，小区被评为省级的低碳社区。老区改造了民宿，室外和室内都做了重新设计。村内有途远书屋、爱心驿站，途远书屋也是学生的研学基地。

第三，发展生态农业及成立合作社，开展各类技术培训和合作社管理培训。我们的果品专业合作社前身是皇冠梨林果协会，现在是国家级示范社，实现了统一管理。种养结合，农家粪肥还林还田，打造绿色无公害蔬菜和果品。近几年，我们实现了在党支部引领下，产业富民，股份合作，走精准扶贫和共同富裕之路，打造了“支部+公司+合作社+基地+农户”五位一体的农业服务模式。

第四，发展各类学习型组织，提升治理能力，增强文化自信。对内传承培养带头人才，对外开展研学基地培训，传播低碳、健康、可持续的生活方式。基础教育方面，保留村内小学。2007 年学校准备撤点并校，幸亏得到中国滋根的支持，学校得以保留，学生已由最初的 15 名发展成现在的 130 名。研学基地建设方面，这里有拓展书屋，各类维修站等，覆盖从儿童到成人，以及老人在内的所有人群。

第五，建立家长学校、妇女学校，有针对性地开展培训。在中国滋根的帮助下，2018 年成立了妇女学校。后来中国滋根带着我们去河南兰考进行学习，回来之后成立了老年协会，开展了评选好公公、好婆婆、贤孝儿女、致富能人等各种活动，形成了农村发展的正风正气。

大森店村取得的成绩得到了上级认可：2019 年被评为省级森林乡村、国家级森林乡村；2021 年获得全国脱贫攻坚先进集体，受到中共中央、国务院的表彰；2021 年获得全国乡村治理示范村、全国民族法治示范村。现在我们正带领全村人民走在共同富裕的道路上，一个都不能少。谢谢大家。

分论坛二

岳　伟

华中师范大学教授

应对气候变化：教育的时代使命与行动路径

尊敬的程介明教授，尊敬的与会嘉宾：

大家下午好！

我是华中师范大学的岳伟老师。在第二十八届联合国气候变化大会召开之际，我们在这里举行以“气候变化教育”为主题的论坛，我认为是非常及时，也是非常有价值和意义的。

今天我要汇报的题目是《应对气候变化：教育的时代使命与行动路径》。

我们大家都知道，当前的气候变化已经成了一个全球性的问题，应对气候变化也成为摆在人类面前的一件头等大事。气候变化是非常复杂的，应对气候变化需要全球采取共同行动，它也需要发挥教育的作用。教育能够为人类应对气候变化贡献什么？基于对这一问题的思考，下面我主要讲三个方面的内容：

第一，为什么气候变化是重要的教育议题？这是我们教育工作者必须思考的一个前提性问题，否则开展气候变化教育就没有合法性，就会失去目的和方向的指引。

气候变化不仅是一个科学问题，而且也是一个影响世界各国经济、政治、文化、环境，并受世界政治、经济、文化影响的社会问题。例如，世界各国的碳减排博弈等就充分说明气候变化和政治经济的复杂关系。气候变化是复杂的社会问题，同样也是一个重要的教育议题，这是我们的判断。

为什么气候变化是教育议题呢？首先，教育无法回避气候变化带来的影响。气候变化给人类的生产、生活及健康带来了长期的甚至是不可逆的影响，这是教育必须面对的现实。其次，人类活动是导致气候变化的主要原因，改变人类行为需要教育。科学研究证明，人类使用的化石燃料是导致地球升温的最主要原因。要想给地球降温，重要的方式就是减少化石燃料的使用。减少和终结化石燃料意味着人类的生产方式和生活方式的改变，而这又离不开教育。再次，应对气候变化是教育的重要使命。气候变化所引发的极端天气及相关的自然灾害愈演愈烈，教育也正在直接或间接地受到影响和冲击。联合国儿童基金会警告："由气候变化导致的气候灾害，如洪水、干旱、风暴和野火，已在2016年到2021年间造成44个国家约4310万名儿童流离失所，相等于每天有约2万名儿童流离失所。"

可以说，应对气候变化不仅是一项科学议题和社会议题，而且也是一项教育议题，教育必须积极行动起来！

第二，教育能够为应对气候变化贡献什么？我们认为，教育应对气候变化的价值定位就是减缓和适应气候变化。自1992年《联合国气候变化框架公约》通过以来，国际社会应对气候变化的主要策略就是减缓和适应。减缓就是通过减少温室气体排放来缓解对气候的长期影响，适应是通过增强抵御能力来应对当前的气候风险。2015年国际社会通过的《巴黎协定》，在延续减缓和适应思想的同时，进一步强调低碳减排和气候适应要协同发展。基于上面的分析，我们认为，教育应对气候变化的功能定位是减缓和适应气候变化。还有一种比较乐观的观点，认为除了减缓和适应外，教育还可以扭转气候变化。理性地看，要想扭转气候变化几乎是不可能的。科学研究表明，人类排放的二氧化碳量已经达到了不可逆转的临界点，即使现在立即停止排放，这些影响也要超过 1000 年后才能消失。

教育为何能减缓和适应气候变化？联合国教科文组织编写的《反思教育：向“全球共同利益”的理念转变?》一书对此进行过非常精彩的论述。该书指出：“教育是一项重要因素，可以促进和协助各界实现集体过渡，转而采用可以减缓气候变化不利影响的无碳可再生能源。为了从碳能源到无碳能源，我们必须改变思想观念，促进有利于这种过渡的思维方式。能源基础设施本身不会促成适当的转变。另一方面，必须向当前一代和下一代传授在不断变化的环境中根据生态、社会和经济现状而调整生活，升级所需的知识、技能和行为，教育因此成为适应能力的重要组成部分。”总体来说，教育是通过提高认识和改变行为让人减缓及适应气候变化的。

第三，如何开展应对气候变化的教育行动？我们认为，一个重要的前提就是要实现教育自身的生态化转型与变革。长期以来，我们的教育遵循的是以经济增长为中心的现代发展方式，现代教育是与工业文明相匹配的，这种教育加剧了人类和地球的各种危机。当前的气候变化问题和现代教育是有关联的。为了缓解和适应气候变化，给人类和地球营造一个可持续的未来，教育自身要变革。教育变革的方向就是教育的生态化。教育要抛弃人类中心主义和人类例外论的思想，树立人与自然和谐共生的理念，要尊重生态规律，为生态系统健康服务。这是教育应对气候变化的一个重要前提。

在这个前提之下，我们还需要开展专门的气候变化教育。2015 年通过的《巴黎协定》要求：“把全球平均气温升幅控制在工业化前水平以上低于 2℃之内，并努力将气温升幅限制在工业化前水平以上1.5℃之内，同时认识到这将大大减少气候变化的风险和影响。”《巴黎协定》还指出：“缔约方应酌情合作采取措施，加强气候变化教育、培训、公共意识、公众参与和公众获取信息，同时认识到这些步骤对于加强本协定下的行动的重要性。”这就明确地传递出气候变化教育是控制全球气温升高的一个重要方式。事实上，全球很多国际组织都倡导和实施了气候变化教育，如联合国教科文组织、欧盟、世界银行等。

要采取措施，提高气候变化教育质量。气候变化教育在实践中存在碎片化和质量不高的问题。要提高气候变化教育质量，我们需要在这几个关键问题上做出努力。首先，将气候变化教育纳入整个课程体系，开展多学科融合教育。气候变化教育涉及气象学、地理学、物理学、化学、社会学、经济学、政治学等多学科内容，气候变化教育的实施要从单一学科走向多学科融合，要发挥不同学科的独特优势，达到协同育人的效果。其次，要创新教学方法，提高气候变化教育的实效。气候变化教育不能局限于气候知识的传授，仅仅讲授知识可能不会使学生对待气候变化的态度和行为发生变化。为此，我们需要创新气候变化教学方法。实践证明，以学生为中心的参与式、体验式和探究式教学对气候变化教育所产生的成效是非常明显的。因为这些方法能够让学生与真实的世界建立密切的联系，能让学生直观地感受到气候变化所带来的影响。再次，加大对教师的支持，提高教师气候变化教育的胜任力。教师是实施气候变化教育的关键，但全球教师普遍缺乏气候变化教育所必备的知识、资源和教学培训，导致他们无法在课堂上有效开展气候变化教育。因此，将气候变化教育纳入教师的职前教育和职后培训，创造条件来提高教师的气候变化教育能力就显得尤为重要。

最后做一点总结。在气候危机面前，我们要以自觉行动打破“吉登斯悖论”。英国学者吉登斯在《气候变化的政治》一书中指出，全球变暖带来的危险尽管看起来很可怕，但它们在日复一日的生活中不是有形的、可见的，因此许多人会袖手旁观，不会对它们有任何实际的举动。这就是广为人知的“吉登斯悖论”。面对气候变化，很多人是旁观者，还有很多人存在搭便车的心理。事实证明，在气候变化面前，没有人是旁观者，没有人是局外人，更没有人能够独善其身。因此，教育要唤醒人们立即采取果断的行动，从现在做起！从自身做起！从身边做起！只有这样，人类才有希望！

我的汇报到此结束，谢谢大家！

戴　剑

中国福利会少年宫科普指导

应对气候变化，践行双碳行动

——青少年气候学习场域的变革与实践

尊敬的程介明教授、岳伟教授，各位教育同仁：

大家下午好！

我是来自中国福利会少年宫的戴剑老师，我汇报的题目是《应对气候变化，践行双碳行动——青少年气候学习场域的变革与实践》。

联合国可持续发展目标事关人类的可持续发展，而其中第十三个目标就是关于气候变化的。说到气候，我们会想到几个概念：天气、气象和气候，这之间是有一定关联的。简单地说，天气是指影响人类瞬间活动气象特点的综合活动；气象是指发生在天空中的风、云、雨、雪等一些大气物理的现象；而气候是气象要素的一个长期平均状态。

下面我就从气候行动跨学科主题学习的思考、场域变革、实践行动三个方面进行汇报。

一、对气候行动跨学科主题学习的思考

我们主要落实在国际化、本土化和个别化上。

国际方面主要参考了联合国教科文组织关于气候行动学习的建议，包括以下三个学习目标：一是认知学习目标，如学习者理解温室效应的相关概念；二是社会情绪学习目标，如学习者能够鼓励其他人去保护气候；三是行为学习目标，如学习者能够评估工作是否影响着气候。

本土方面主要借鉴了中国可持续发展教育团队研究的气候行动教育的核心素养模型，包括6大能力，分别是：学习能力、应变能力、科学评估能力、创新能力、自我意识能力和社会服务能力。

个别化是基于我们的特点，形成了气候行动教育的路线图“一题二维三面向”。“一题”就是以气候行动为重要主题的教育。“二维”包括了校内维度和校外维度，校内维度就是基础教育阶段的校内正规学习，校外维度包括非正规、非正式的校外教育学习。“三面向”包括面向学生、面向教师、面向学校：面向学生可以通过开展气候行动的跨学科主题学习，提升学生的气候素养；面向教师，围绕气候主题开展学科教学渗透和跨学科的项目指导；面向基层学校，可以围绕气候学习场域的变革以及综合实践活动来落实。

有了深入的思考和学习之后，我们聚焦在进阶式气候行动的跨学科主题学习上，这是以“进阶”的方式指向“气候变化”主题，选择“跨学科”路径面向青少年学生群体的一种“主题式”学习类型。气候问题与人类的生存与生活息息相关，开展进阶式气候变化跨学科主题学习活动的设计与实践，是这个时代气候变化与教育情境所需、所求的教育课题。

第一个就是指向差异性学情的进阶式学习活动设计。这种进阶式学习是根据学生的认知水平和知识经验科学安排学习进阶。

第二个就是应对多元性的气候学习活动的跨学科学习。跨学科学习以某一研究的问题为核心，以某一课程为主要内容，运用和整合其他课程的相关知识和方法引导学生开展综合学习。

二、气候行动教育需要跨学科主题学习场域的变革

气候变化的复杂性需要学习者学习方式的转变，需要结合新课程新课标，需要对学生的气候学习空间进行重构，也需要我们校内外教育的学习场域能够有效链接。

我们发现青少年的学习方式正在发生转变，单一的教室环境不能满足学生跨学科学习的需求。因此，在学习空间重构中，需要学生走出教室，将单一的实验室链接成实验室群，将多个联系的实验室群组合在一起，形成学生知行合一的实验场。

上海市曹杨中学是首家上海市特色高中，学校围绕环境素养精心打造校园学习场域，小到一盏路灯、一面墙壁、一个路牌等都进行了有利于气候行动学习的变革。在校园内还建设了人工湿地，研发了气候与湿地课程，开展了气候与湿地的跨学科主题学习。

云南师范大学附属实验中学对校园进行了学习场域的营造，在物理、化学、生物实验室的基础上，迭代成更具跨学科主题的新能源、生物多样性实验室。校园内还引入了海绵城市的系统，让学生了解滇池治理的过程，了解气候对红嘴鸥的影响。

上海市新普陀小学西校，在中德环境教育项目的交流中，构建了气候变化教育的胜任力模型，让校园增添了很多有利于气候友好的设施。围绕生活中的节能减排，开发了校园的气候变化系列课程，例如“为地球量体温”“水球的变化”“依依不舍”“舌尖上的气候”等。

还有的学校，在校园屋顶绿化的改建过程中，设计了五位一体的课程体系，将经济、政治、文化、生态、社会融入整个生态学习场域中去，不仅设立了气

候变化的生态文明系列课程，还在校园内安装了很多有利于学生学习的课程装置，让学生在学习过程中对碳数据进行统计。

三、气候行动的跨学科主题学习实践行动

随着新课程的逐渐深入，跨学科主题学习和综合实践活动课程逐渐兴起。中国福利会少年宫创设了E60青少年碳中和学院的气候行动平台，在少年宫成立了总部，围绕气候行动主题和双探目标，在全国选拔了28所E60青少年碳中和学院示范基地学校和18家E60青少年碳中和学院实践基地，联动上海市气象局在上海中心城区的学校中，建设了30个校园智能气象站。

为了应对多元性气候学习内容，引导学生开展进阶式气候变化跨学科主题学习，气候变化课程的内容设置和表现形式充分考虑各学段学生的学习特点，科学呈现了应对气候变化的基本知识，对课程进行统筹规划，形成具有连贯性、梯度性、一体化的知识学习和核心素养培养的主题课程。同时，以实践为导向，强调联系学生的经验与社会生活，通过创设多种情境唤起学生的学习兴趣。

气候变化跨学科主题学习实践课程需要满足学生有意识、课例有问题、学习有计划、课程实施有资源等四个条件。在主题课程实施过程中，教师多采用启发式、讨论式、探索式、引导式、情境式、行动指向性等的教学方式。中国福利会少年宫的教师相互讨论、相互合作，研发符合青少年需求的低碳系列科普课程，首创零碳先锋主题IP形象，还协同同济大学环境科学与工程学院、上海交通大学中英国际低碳学院等高校力量，设计包括序论、衣、食、住、行、创的六节低碳微课，并研发极地“碳索”、森林“碳秘”等相关课程资源包，将双碳研学直通车开进我们的基地，引导学生进行户外学习。此外，中国福利会少年宫还举行了互动式的培、研、用、评一体化的教师研训活动，将教师的培训从单一走向综合，从实践走向课程，从应对走向引领，从经验走向科学，有效探索了气候变化教育的行动实践。

我们还拓宽了气候变化教育国际化交流途径。通过库布齐国际沙漠论坛、世界城市日、世界儿童日，还有联合国教科文组织应对气候变化教师交流活动，让师生进行了气候变化的互动交流。

我们只有一个地球，气候行动教育需要你我的共同参与和共同努力，让我们携起手来，共同应对气候变化。

邢彦超

华中师范大学附属华侨城小学科学教师

打造低碳环保校园，推动气候变化教育

非常荣幸参与这次论坛。我分享的题目是《打造低碳环保校园，推动气候变化教育》，下面我介绍一下华中师范大学附属华侨城小学“低碳”的十年探索之路。

洪水、山火、冰川退缩、生物多样性锐减等气候变化导致全球生态危机日益突出，而生态环境的改变又加速了气候的变化。人类活动一直是气候变化的主要原因，特别是化石燃料燃烧产生的温室气体的排放。

实现碳达峰、碳中和是以习近平同志为核心的党中央统筹国内国际两个大局作出的重大决策。学校作为教育的主阵地，理应承担起低碳教育的责任，以多样化的低碳教育活动入手，帮助学生养成低碳生活习惯和行为方式的同时，增强学生应对气候变化的能力，这是我们气候变化教育的重点工作之一。

华中师范大学附属华侨城小学坐落于武汉市国家5A级风景区东湖北岸。学校以“生态东湖”为切入点确立了“生态文明教育”办学特色，以保护生态环境、发展生态教育、塑造生态文化为重点构建了“理念、课程、活动、科研、阵地”五位一体的生态文明教育体系。将低碳作为开展气候变化教育的重点途径，将“双碳”教育融入育人的全过程，积极探索低碳校园的发展模式，努力开创绿色、低碳、可持续发展的新格局，为美丽中国的建设提供有力支撑。

我的分享主要分为五个方面。

一、校园文化，营造低碳教育之场

校园是碳排放教育的重要领域，同时也是“双碳”创新的最佳场所。我校以绿色、生态、低碳、环保校园为目标，以倡导人文绿色为宗旨，融艺术、生态、教育功能于一体，校园里没有一幅名人画像，没有一句名人名言，全是孩子们用纸箱、建筑管材、一次性纸盘等废旧物品制作的展品。一张张废弃的黑胶唱片变成了充满童趣的作品，一颗颗大小不一、颜色丰富的纽扣粘贴成亨利·摩尔的经典之作。校园里的每个角落都成为孩子们自我展示、自我管理的天地。

校园里绿树成荫，同学们积极认领校园植物，为它们设计“身份证”，以科学观察小报、自然笔记和树叶画等形式记录植物，展示植物是如何通过自身的生态功能来降低碳排放。使用二维码，大家扫一扫就可以了解各种植物的生态功能和固态特性。

学校引导全体师生节水、节电、节纸。积极推行节水改造；升级节能LED灯；学校更换外墙，新增保温板，减少电能使用；实行无纸化办公，打造低碳校园。

二、基点建设，搭建低碳教育平台

结合我校生态办学特色，校内、校外两基地的建设既为推进低碳教育扩展了新的空间，也使学校的特色品牌更加凸显。

校内建立了东湖生态文明教育馆。把东湖“搬进”了校园，将东湖湿地的风光与声光电等现代技术手段巧妙结合，为全校师生提供了一个大视野，一个近距离与东湖湿地交流的新天地。每学期向学生开设生态馆课程，学生可以带着任务单，打卡有趣、有料的生态馆。

校外有华阳湖社会实践活动基地。我校将东湖子湖石灰凼子的尾湖认定为社会实践活动基地，学生取名为华阳湖，又把课堂搬进了东湖。师生在课堂中、实践中学习，绿色低碳的责任意识和保护东湖的参与能力不断提升。

三、课程引领，融入低碳教育理念

1. 专题培训，提升低碳教育能力。我校定期邀请低碳环境教育专家进校园，普及低碳教育理念，丰富学校低碳教育资源。积极组织各学科教师走出去，参与各级各类生态环境教育培训，提高教师低碳教育专业能力和水平。

2. 学科融合，树立低碳教育意识。各学科教师根据本学科特点，充分发掘教材中的低碳知识，结合新课程标准，密切联系生活实际，适宜地进行学科融合，将绿色低碳意识的培养贯穿于教育教学活动全过程。

3. 研发教材，强化低碳教育理念。湿地是碳汇系统的重要组成部分，也是稳定温室气体排放、减缓气候变化影响的关键。我校在校本课程的研发上尽显特色，组织师生编写《大美东湖》系列校本教材，将东湖湿地作为教育平台，将东湖动植物和人文资源作为素材，引导学生进行自主探究式学习，增强学生对自然的亲和性，促进学生低碳环保行为的养成。2019 年该教材被评为武汉市“十大最美校本课程”。

4. 多方合作，构建低碳教育共同体。为进一步宣传国家“双碳”战略目标，我校坚持每月举办一次“阳光家长课堂”，讲节能、谈环保、论低碳等。邀请社区工作者、社会志愿团体、低碳教育专家、高校科研院所团队进校园，开展“双碳”科普讲座，带领学生走出校园开展生态环保实践活动，提升学生减碳意识，培养学生绿色低碳行为。

5．课题研究，深化低碳教育内涵。近 10 年来，我校承担了 10 余项课题，其中有一项国家级课题，两项省级课题，两项市级课题。这些课题立足环境教育现状和本校的实际，深化了低碳教育的内涵。其中国家级课题和一项省级课题已顺利结题，“双碳”目标下的生态文明教育将更加深入。

四、实践活动，提升低碳环保能力

1．低碳教育特色化实践活动——小湖长行动

东湖中摇曳的水草与繁茂的植被正在以无声的方式为减少碳排放贡献出自己的一份力量。学生们也不甘示弱，自发成立巡湖队，坚持每月到东湖子湖筲箕湖和华阳湖巡湖取水，进行水质检测和生物大调查。他们分析水质情况及导致水质变化的原因，以自然笔记的形式记录了东湖多姿多彩的生态系统，通过清理垃圾、文明劝导、生态宣讲等活动践行了“绿水青山就是金山银山”的生态理念。

2022 年湿地缔约方大会前期，我校助力湿地大会开展，参与了多部宣传片的拍摄。学生根据巡湖过程中的所见所闻拍摄制作了“我是湿地巡查员”的小短片，在武汉教育电视台播放，为大会的召开营造了良好的氛围。

2．低碳教育常态化实践活动——垃圾分类

学校组织全校师生开展垃圾分类知识的宣传普及工作，充分利用红领巾广播站、主题班会、电子班牌等多种形式增强学生的垃圾分类意识，使广大师生逐步养成自觉进行垃圾收集分类的好习惯。

学校创编的环保剧《我的颜色》获武汉市“我们都是戏剧大师”决赛一等奖和优秀剧目奖，并在央视播出。学生们用真情表演呼吁：保护环境从我做起，从身边的垃圾分类开始。“六·五环境日”前夕，在东湖风景区城管执法局组

织的萌娃东湖绿道环保体验行活动中，学校的环保小卫士们手持工具和垃圾袋，在家长的陪同下体验道路保洁工作，向游人宣传低碳环保理念，并将垃圾进行分类。

3. 低碳教育系列主题活动

开展“碳中和·探未来”作品展，学生自主了解碳达峰、碳中和的具体概念和实现“双碳”的重要意义。一年级席宇阳同学的《北极熊之殇》荣获环丁青少年环保创意大赛优秀入围奖。我们结合每年的生态环境主题日，开展了形式多样的低碳实践活动。例如在气象日，我们除了请同学们制作小报、思维导图，还特别引入了有趣的气象知识竞答活动，增强学生日常生活中防灾减灾和保护环境的意识。我们借助电子班牌、校园大屏幕等平台宣传学生的作品，并将优秀作品推送给社区。举办低碳运动会，诠释“绿意、生机、低碳、环保”的理念。开展淘宝义卖，将学生闲置的物品进行义卖，提高旧物的使用率，降低碳排放。

五、阳光生态，共建绿色美好未来

近十年的时间里，在低碳环境教育方面，我校先后荣获国际生态学校、国际湿地学校、全国低碳学校、湖北省绿色学校等37项集体荣誉。人民网、学习强国、湖北电视台、湖北日报等20多家媒体对我校生态文明建设活动进行了宣传报道。

气候变化教育，我们一直在行动。在华侨城小学里，人人争做低碳环保的践行者、倡导者和传播者，让节约成为习惯，让节能减排深入人心，让降碳减碳成为共识，以实际行动践行绿色发展理念。

周莉君

武汉市硚口区建乐村小学校长

从低碳迈向零碳

——红旗村小学赋力绿色低碳发展的实践之旅

大家好！我是武汉市硚口区红旗村小学的副校长，因为工作调动，刚刚提任为建乐村小学的校长。我在红旗村小学工作了23年，深度参与并推动学校生态教育的特色发展。今天我交流的题目是《从低碳迈向零碳——红旗村小学赋力绿色低碳发展的实践之旅》。

首先简单介绍一下我们的学校。我们红旗村小学是一所有着76年办学历史的老校。学校因地处闹市中心，所以办学规模较小，现有18个班级，在校学生904人，任教教师49人。

学校是一所生态教育特色学校，先后5次被评为国际生态学校，是全国首批生态道德示范学校，也是湖北省首家零碳校园、湖北省绿色学校。

接下来，我具体介绍一下学校坚持五位一体、着力创建零碳校园的经验。

第一，向内扎根，“绿色”主线始终贯穿学校发展的全过程。其中包括两个方面：一方面是赓续校史，夯实绿色教育的底蕴。红旗村小学从20世纪80年代末期便开始大力推进环保活动，从早期的环境教育、绿色教育，到如今的生态教育，学校形成了丰富的绿色低碳教育经验。不管校长如何更替，“绿色”这条主线始终贯穿学校发展的全过程。另一方面，我们做到了把握校情，找准低碳教育的定位。学校虽小，但是我们始终坚持“小学校大环保、小学校大生态”的总体原则。我们在“播撒绿色种子、奠基和谐人生”的办学理念的引领下，将办学理念中的“绿色”“生态”“环保”“和谐”等核心价值有机融入学校工作的方方面面。

第二，向外借力，打造湖北首家“零碳校园”。2021年年底，学校与三峡集团三峡电能数字有限公司结成共建关系，在武汉市硚口区发展和改革局等大力支持与指导下，于2022年年初从以下五个方面进行了提档升级，真正走向了“零碳”，成为湖北省首家“零碳校园”。

1. 改造学校原有的太阳能光伏发电系统，建成了50千瓦的太阳能光伏发电站。该发电站由105块太阳能电池板组成，年发电小时数约1050小时，年产新能源绿电5.3万度，所生产的电能可供学校日常使用，多余电量还可直接并入电网。太阳能发电板分列两处：一侧是平铺的光伏板，可供学生开展体育活动、科普知识的学习；另一侧是架设式的光伏板，学生可以直观感受到阳光是如何“照出”电能。

2. 依托“能管云”平台，实现校园综合能源服务深度覆盖。“能管云”平台能够实时监测校内各个教室能耗使用情况，提升校园能效综合管理水平。

3. 建设智慧能源生态体验馆，体验碳未来的时代要求。升级换代智慧能源生态体验馆，打造了包含我们的使命、神奇的新能源、从低碳迈向零碳和学生活动体验区四个主题的综合性场馆。

4. 建设空气质量自动监测站，提示师生空气质量与健康的关系。学校建成了空气质量自动监测站，实时展示风速、风向、气压等数值，提示师生注意个人行为对环境的影响。

5. 安装智慧路灯，给全部教室更换节能照明设备。安装集照明、充电和监控等功能为一体的智慧路灯，并为所有教室安装节能护眼灯，在确保照明效果的同时，节约电能。

第三，赋能教师，形成高质量绿色教育团队。多年来，学校涌现出一批着眼绿色、生态教育的优质教师。用好教师资源，发挥头雁效应。比如：我们的班主任张珊霞老师，18 年来一直坚持垃圾分类回收工作。校本课程的专任教师段烨秋带领自然笔记社团的学生开展活动，编写江豚校本教材，打造无污染的小菜园。还有科学、语文、美术等学科教师带领学生进行生态研究活动。

重视科研的引领，提升绿色教育的质量。学校非常重视科研工作，强调将学校科研工作与生态教育、绿色低碳教育紧密结合。从十一五“基于绿色教育思想下小学办学策略研究”到十二五“基于绿色教育理念下课堂文化建构策略研究”，到十三五“小学生低碳生活教育路径与策略研究”，再到今天的十四五“小学生态文明教育学科渗透研究”，我们始终以科研为依托，以生态教育为特色，全力推动学校的内涵式发展。

重视课程，编写环保主题的校本教材。学校编写了一系列《环境教育》校本课程与教材，一套六本，分年级通过校本课程来落实生态教育。例如，面向六年级学生的《人类与能源》教材，目的在于帮助学生认识和了解人类社会中的各类能源，培养学生节约资源的意识与能力。

多元活动，全方位减少师生的碳足迹。学校的一切活动都是课程，在多元教育活动的助力下，学校的生态教育才能够逐步落地、生根。

学校注重低碳宣传活动，普及气候变化知识，包括举办校园环保节和绿色主题教育活动。从 2011 年开始到 2023 年，学校坚持每年的 3 月举行校园环保节，在全校师生中评选出“校园明星”“环保家庭”“环保教师”，发展环保榜样。学校加强绿色主题教育，以养成学生日常生态环保行为为目标，制订了《红旗村小学绿色行规养成序列》。通过明确低、中、高三个年段学生的绿色行为习惯的要求，实现习惯养成教育的常态化。

学校成立少年环保局，开展节约能源的主题教育活动。少年环保局着力促动学生“爱大生态，做小事情”。

学校开展低碳出行实践活动，提高师生“减碳”意识。主要是通过采用问卷调查的方式，统计全校师生的出行方式；召开“绿色出行、低碳生活”主题宣讲队会，带动家长及全社会都来关注绿色出行。

学校做好垃圾分类工作，促进资源循环回收利用。从2005年开始，坚持开展垃圾分类回收工作，并将此工作列入学校德育活动的一部分，师生的参与面达100%。学校定期开展“家校合力促发展、垃圾分类我先行”家长开放日活动，邀请家长到校参加丰富多样的相关活动，宣传垃圾分类工作。

学校严格落实“三节”，切实减少校园碳排放，节能成为每一个师生的行动自觉。学校全力倡导“光盘行动”，并通过校少年环保局的监督与公示，显著减少了浪费现象。

学生的素养有了显著提升。我们在生态活动实施前后进行过问卷收集，通过数据对比可以看到：学生获取的“零碳”知识显著增加，教师、同学以及学校社团是学生获取“零碳”知识的主要渠道；超过80%的学生都知晓了“双碳”的相关知识及本校光伏发电的机制与作用；近90%的学生都表示能够自觉践行并带动身边的人实施零碳生活的方式。

学校组织参与了很多的实践活动，也获得了一些奖项。2022年6月，学校的《从低碳迈向零碳》被评为武汉市绿色低碳典型案例。此外，学校多名学生参与活动，荣获“国际生态校园优秀学生”称号。

多年来，多家媒体对红旗村小学的绿色低碳教育进行了报道。2021 年 8 月，武汉市发改委和市节能中心领导来学校调研，对学校生态教育特色高度肯定。《人民日报》《长江日报》等多家媒体纷纷报道，称赞“节能低碳理念在红旗村小学代代相传”。

最后，我想说，地球已经进入“沸腾时代”，加强和落实绿色低碳教育是应对和减缓气候变化危机的重要环节。“零碳学校”作为开展绿色低碳教育的前沿阵地，能够增强青少年儿童的气候变化意识，全面提高他们的气候素养，助力我国“双碳”目标的达成。

未来，我们将继续秉持绿色、低碳、生态的教育理念，引领武汉市硚口区建乐村小学迈向绿色和谐的发展道路，培养具有气候治理意识与能力的负责任的下一代。谢谢大家！

分论坛三

文可为

香港东华三院郭一苇中学校长

杨宝珠

香港东华三院郭一苇中学价值观教育主任

结合探究性学习和设计思维培养学生的气候素养

大家好，很荣幸能够参加这个盛大的论坛。我们分享的题目是《结合探究性学习和设计思维培养学生的气候素养》，以“绿色气候先锋青年领袖计划”作为案例。首先说明一下，这个青年领袖计划是由我们东华三院主办，中国银行（香港）有限公司资助，我们东华三院属下的中小学都可以参加的。

为什么我们会采用探究式学习？探究式学习最基本的原则就是尊重学生主动学习，把学生的意见和提问作为我们教和学的重点。这个计划的地理团队的老师，会促进学生学习上的连结性，对课程与真实世界作出有意义的联系，从而发现问题和解决问题。

如果探究式学习已经找到解决问题的方法，我们为什么还引入设计思维呢？

设计思维是以人为本的设计精神和方法，考虑到人的需求、行为，同时也考虑科技和商业的可行性。我们的学生会对自己有兴趣的话题进行深入的了解，定义问题，意念发现，开发原型和反复测试，为气候议题积极寻求创新的解决方案。

我们这一次青年领袖计划有三个学习阶段，我们将逐一分享。

第一个阶段，我们要让学生掌握不同的知识、技巧，为此提供了不同的探究式活动。活动一是我们找来了星级导师李博士教授设计思维和创意技巧，让青年领袖们学会如何跟他人沟通有关气候议题，影响他身边的同学和家人。活动二是学生们向香港天文台助理台长梁先生请教有关气象学专业知识，认识了有关于气候的仪器和其他的设施，增加了对气候问题的认识。活动三是我们东华三院举行了一个启动仪式，让学生知道我们对他们的重视，期望他们带动创新变革和推动绿色环保倡议，为社群带来正面而深远的影响。

到了第二个阶段，学生就要接受不同的挑战。他们要用设计思维去解决气候的问题。比如，提出的第一个方案到了开发原型的步骤，学生们发现不可能比政府或者现在的机构做得更好，就将方案自我推翻了。但同学们没有放弃，设计思维里面一个很重要的点，就是不要怕失败，早点失败亏损会最少。又比如，学生们观察到很多人会买一些即将到期的食物。他们就在想：要不开发一个手机应用程序，把商店即将到期的食物数据透过应用程序平台发布，顾客可以通过平台购买即将到期的食物。这样可以减少浪费，顾客也可以享有购买折扣，还能减少香港的土地污染，缓解气候问题。

最后他们要制作一段短片。他们不确定自己设计的手机应用程序在商业世界里面是否可行，就到大公司去拜访总裁。看到总裁的表情，学生就知道自己遇到了困难。总裁提到大企业没有很大的动力主动使用这个平台，同学们需要花费很多时间寻找商户加入。总裁提议学生可以直接找一些食物供货商去访问，供货商可能会感兴趣，还主动为同学介绍供货商。学生还到街上访问目标顾客，尝试说服老师，不断完善短片制作。

第三个阶段，我想分享一下学生对这个活动的反思。学生发现，原来去找一个可研究的问题是蛮困难的。经过这个活动，他们也认识到气候问题的严重性。这不是老师教的，而是他们经过活动实实在在地体验出来的。最重要的是，他们把自己想出来的方案应用到日常生活里，不光身体力行去解决气候问题，还提高了自己的同理心。

我们这一次的领袖计划，就是一个具有活力的工作方法和社交比赛，完全改变了学生的思维，让他们明白了要以人为本，不要怕失败，要不断创新，寻找新的方案。最重要的是，学生们在这个过程中学会了与人合作。

总结一下：气候教育是一堂“走进教室要被重视，走出教室需要实践”的课。我们鼓励大家都可以尝试用探究学习和设计的思维去培养学生，让学生持续保有探究心，在面对不断恶化的气候环境，仍有寻找可行性答案的能力。

廖学谦

香港玛利诺神父教会学校地理科主任

市区绿隧道：研究树木在应对市区热岛效应的重要性

气候变化在香港地理教学中是必修课。2017 年之前，我们关注全球气候变化；2017 年之后，又加入了本地的气候研习元素。我们希望可以按照气候变化的议题，以更实用性的原则，跨课程的学习，进行本地考察。我们今天要谈谈怎么可以做到本地考察，考察我们的气候变化。

我先进行的一个小实验，就是智能沙箱研习。这是香港中环地区的模型，这个模型因为气候变化已经被水掩盖了。学生们可以用手把水的高度改变，看看哪些地块未被水淹没，还可以用水给天台的一些位置降温，在一些天台上面安装太阳能板看能否节能，降低学校的电费。

但这些教育还是在学校里进行，我希望不要困在学校里，而是到市区看看树木怎么把热岛效应降低。我给大家看看什么是“绿隧道”：没错，就是一个全都被树木包围的地方。不是很多人都知道这个“绿隧道”的存在。我们怎么找呢？我们用手机的方式熟悉流程，编译每个环境，用几何方法再找到树木高度和密度，便能了解当地的绿化程度，最后我们把气候数据拼好，可以看到“绿隧道”能让气温下降。

我们知道市区里很热，“绿隧道”可以降低热度，为什么要做这些呢？我们希望通过实际考察告诉同学，树木可以有一个蒸腾的作用，可以降低热岛效应。

这个活动是有意义的，我们可以以 STEM 的元素帮助同学学习，这不是单一的学习，是一个跨学科的。我们不希望只在学校里面探究学习，更希望学生能够走出去。

我们希望其他学校也可以对周边的“绿隧道”做一些研究，希望今天的分享能带给大家一些启发。谢谢!

刘丽妹

澳门化地玛圣母女子学校校长

“教育即生活”

——让环保成为师生校园生活的习惯

澳门86%的学校属于私立学校，基本法保障了澳门学校办学的自主权，也提供给每个学校多元、特色发展的土壤。澳门化地玛圣母女子学校七十年前创办的时候，就明确遵从方济精神，以环保、和平、喜乐、纯朴为办学使命。

澳门学校择校自由，学生可以自由选择学校，学校也可以自由选择学生。学校招聘的学生和教师，都必须认可学校的绿色发展理念才可加入到学校当中。在学校日常生活中，我们通过静态管理和动态发挥，一步一步地让师生养成环保的习惯。

在静态管理方面，学校的环境布局处处体现着环保教育的理念。学校校舍为四合院式设计，四面建筑在23年间分三次重建完成，坚持整体色调以环保绿色为主调。中间庭院栽种的多株葡萄藤已蔓延在每一层楼的走廊，天台生物科技园成为师生栽种不同季节蔬果及鱼菜共生的试验场。学校从整体规划到具体设计，体现了“让教育环保随处可见”的目标。

学校为了减少使用空调的次数，将教室的每一扇窗设计为都能够90度打开，四合院式校舍的每一层楼都设立了一间东西、南北都能通透的教室，让风能够对流。澳门是寸土寸金的地方，为了环保，学校宁可打通几间教室，也要每一层设有自由透风的公共空间，向师生家长表达出节能减排的诚意。此外，在室内体育馆安装光导管，以减少用电，一条光导管大约要 100 万元澳币，学校十年的电费都没有这么贵。环保虽然需要花钱的，但是值得投资的。

学校是女校，女生在例假的时候很需要喝热水，所以学校在每一层都安装了冷热饮水机，师生可以带自己的水杯盛水饮用。这样的举措既能推广环保，又有利于学生的身心健康，因此得到师生和家长的支持，这是很值得的投入。教育局在巡视校园时，非常认同这一做法，并推广至全澳门的学校，资助各校安装冷热饮水机。就是这样一个小小的改变，验证了“念念不忘，必有回响”的环保意念。

由于学校在环保方面的做法深得人心，因此，学校常收到社会企业展销撤场的家具或市民大众不用的钢琴等乐器。学校会放置在每一层楼让学生使用，并告诉孩子珍惜和善用。

除了静态管理，还有动态发挥。我们学校设立了中小学环保组，根据学生不同的学习阶段开展不同的环保活动，如义卖二手书、小盆栽，清洁社区及资源回收“环保 FUN” 等。在教学方面，课程组设立跨学科研习互动，比如，我们澳门人近年的集体灾难记忆是“天鸽”和“水竹”风灾，当时学校车库、饭堂及礼堂被水浸，满目疮痍。我们就在早会、周会运用这些活生生的日常经历，提醒师生“幸福并不是必然，如果我们再不珍惜爱护，大自然总有它的方法让我们刻骨铭心”。用这样的生活经历，动之以情，晓之以理，让我们的孩子、家长和教师把环保理念内化为生活的态度。

此外，动态发挥离不开社区的联动。只要是对社会、地球有意义的事情，总会有回应者，所有的回应都落实在具体的居民生活当中。澳门特别行政区政府环保局设立的环境咨询委员会，其成员除了与环保相关的政府各部门局长之外，还有大学教授、立法议员、社区及教育界的代表，市民大众对环保的建议能够得到有效、及时的回应。比如在学校附近设立“环保FUN站”回收资源的政策一推出，学校立即在模范班级比赛中增加“环保FUN”项目，提升师生参与度，积极回应政府的政策。政府、社会企业及公益金百万行等大型活动，也取消使用一次性瓶装水，减少浪费。

澳门是全球教育最公平的地方之一，政府和办学实体支持学校的多元发展，不会以KPI（关键绩效指标）影响学校教育资源的分配，而会在面对社会人士投诉学校规定的“不合时宜”时给予正面的肯定。比如，当面对家长、学生投诉学校不准带一次性瓶装水、不准带水果茶饮、不准使用一次性打包盒，叫外卖回校时，教育局和青年局会及时说明推动环保的心意，这就是彼此的支持和理解。

生活即教育。每一年，麻雀妈妈习惯在人来人往的走廊栏杆筑鸟巢孵育小麻雀，我们会公开告诉孩子并在边上悬挂一张小告示：“这里有小麻雀在孵化当中，大家脚步要轻轻哟。”我们相信孩子不会打扰小鸟，我们愿意让孩子见证小生命的诞生，而不是用围栏或封条阻挡孩子通过。这是我们的理念：我们是一个播种者、传承者，我们相信每一个人对大自然都应该心存敬畏之心。

最后我想用一句话勉励大家，“园丁不能改变春夏秋冬，但能让花草在四季之间开得更灿烂”。让我们一起力挽狂澜，由我开始，保护环境。

江丽梅

中国台湾台东均一国际实验学校公共事务副校长

实验教育与永续发展

——让孩子亲近大自然，懂得关怀土地，学会尊重自然

请大家试着把眼睛闭上，听我讲一讲关于中国台湾台东均一国际实验学校（以下简称“均一学校”）的故事。

12年前，公益平台文化基金会严长寿董事长接管了均一学校。从严董事长的著作或者演讲中，我们能够感受到他非常关心年轻人。2011年，他出版了一本书，叫做《教育应该不一样》，书中描述了台湾教育所面临的困境，对政府、学校、老师、家长都有许多的建言。后来他自己撸起袖子，选择在资源非常匮乏的台东偏乡办学。

当初，他选择均一学校办学有三个初衷：第一个，就是希望能够帮助家庭经济贫弱的孩子，可以通过良好的教育改变自己的未来；第二个，希望能够改变教师，将学校变成一所实验教育基地；第三个，是任重道远的使命，就是希望能够培育未来的国际人才。

均一学校从一所大概200人的国民中小学，改制为将近400人的国际教育实验高中，要感谢有一群把教育当做人生志业的热情教师，愿意相信与认同严董事长的创新教育理念。无论是在小学部推行的华德福教育，还是中学部推行的探索教育、创意学群特色课程，这些都是严长寿董事长根据他个人丰富的经

历，结合世界教育趋势跟中国台湾花东地区的特殊性所规划的课程架构。我们的教育目标，就是希望能够把孩子培育成为具备做人做事能力，可以迈向人类永续生存、不被机器人取代的有为青年。

接下来跟大家分享我们做的实验教育，大家现在可以把眼睛睁开了。

首先想跟大家分享的是华德福教育。它是100年前，从德国的史泰纳教授发展而来。华德福教育重视身心全人教育，用的全部都是自编教材。现在科技非常发达，但华德福教育非常重视保护孩子的感官，让孩子慢一点接触3C产品（计算机、通信和消费电子三个领域的产品）。当然，这需要靠家长的全力配合才能做得到。

在华德福教育的幼小阶段，我们常常在校园里看到，无论是晴天还是雨天教师都带着孩子在户外散步。他们不光在散步，还在做自然观察，不管是花园里的蝴蝶等昆虫，还是四季里可以看到的植物的任何变化，包括树木生长，叶子的颜色、形状变化，不同季节开的不同的花等，都是他们观察的对象，这些都会在孩子心里留下很深的记忆。

我想要特别跟大家介绍一下我们针对三年级学生开设的农耕课。在校园里教师会带着孩子学习农耕知识，孩子们了解了从插秧到稻子成熟的全过程，知道了我们的一日三餐背后是多少农民伯伯辛苦的劳作。所以，我们的孩子每一餐都会在谢饭之后，才开始享用。

在我们的校园，孩子们可以随意爬树，爬树的时候，其实他们都在跟树说话。树皮及树叶的样子、树干的形状都给他们留下很深的印象。因为孩子爱爬树，有一年三年级的建筑课，老师就带着孩子跟家长共同在树上盖了一个树屋，又在树的旁边盖了一个土窑。

到了中学部，我们的第一个探索课程，是以自行车运动、山林教育、海洋文化为主题，目的在于培养学生对自我的肯定，学会与同学合作，关怀土地，还有累积人文素养。

均一学校的孩子都要学会骑单车。现在有很多家长都是用轿车接送孩子上下学，在均一，我们提倡骑单车上下学，只要可以骑车或者可以走路的地方，我们就不搭车。我们有很多校外教学的机会，只要是一个钟头单车可以骑到的地方，我们就不搭巴士。我们让孩子骑单车到他们要去探索的地方，然后再骑车回来。

睿哲老师带着孩子们从学校出发，走玉长公路再回到学校，大概两天一夜或三天两夜要骑完200千米的路程，中间还要到很多有特色的地方了解当地的文化。虽然很辛苦，但是看到孩子们传回来的照片，家长都非常开心，非常支持孩子完成这项任务。

我们开设了山域课程，让孩子学会亲近山林，“无痕”山林，不要把自己走过的足迹留在山林里面。只要看到垃圾，他们都会带下山。目前均一学校高中已经有六届毕业生，他们常常回校来分享。他们带着大学同学去登山时，也会把垃圾带下山。山域课程里大部分教师都是男教师，这也启发了我们的一位布农族的女孩。她自己的家乡是一个部落，她希望跟男教师一样，成为一个户外教育的教师。

我们还开设了海域课程。柏融老师有独木舟的航行经验，他带着学生从做独木舟的骨架开始，再到蒙皮、彩绘，最后到航行。我们第一届高中生做的独木舟在太平洋上航行，你会看到孩子的勇敢及团队合作的力量。我记得有一届的学生在太平洋上航行时，看到太平洋上竟然有塑胶的垃圾漂浮物，于是决定选择跟海洋环境相关的主题做为毕业专题报告。他们跟台东的店家倡议，请店家不要再提供塑胶的吸管，从自身做环保。这是从课程延伸成为孩子自己生活行动的一个十分具有启发性的案例。

最后想跟大家分享均一学校的高中绿能建筑实验课程。2023 年的九、十月，台东两个台风登陆，对台东的离岛、兰屿造成很大的损害，很多房子倒塌，水电中断。我们的学校也有来自离岛、兰屿的学生，这个事件就变成我们反思的重要案例。此外，学校的洗手台需要一个遮雨棚，于是高中部的孩子就动手做模型、做设计，最后留给学校一个小小建筑，也让学弟学妹在洗碗盘的时候不会再淋到雨。

严长寿董事长常常勉励我们发现问题并不难，但往往缺乏执行力，一定要自己撸起袖子做。我们都是改变的起点。

陈红燕

广州市九十七中晓园学校党支部书记、校长

让孩子在自然中成长，自然地成长

我是来自广州市九十七中晓园学校的陈红燕。我们学校位于广州核心城区的海珠区，学校的美育教育和生态环境教育比较有特色。

我记得2006年开始，广州市就与英国伯明翰市缔结为“气候教育与学生教育姊妹城市”，并一起组织了与“气候教育”相关的环保大使的评选宣教活动。李喆慧同学当时成为中国选出的环保大使，并在全球的气候变化青年大会上做分享。这个女孩子现在成长为华南师范大学团委的专职专干。由此我们可以看到：在气候环境教育中成长起来的孩子，更有志愿服务的精神，更愿意承担社会责任。

从2008年开始，我积极参与广州市环境教育许多品牌活动的创建和组织。可以说这些活动的影响力非常大，每年各区都超过2000人来参赛。2013年开始，广州市教育局和广州市城市管理委员会牵头，推进所有学校参与垃圾分类教育示范基地的考核。这些活动让整个广州地区的环境教育推进非常快，影响面非常大。此外还有环保小主播、暗夜保护等主题活动。

广州对环境教育提出了“蓝天碧水青山工程”，其中“蓝天”也是我们气候教育的主要象征。广州关注了气候，关注了水的治理，也关注了青山绿水的保护。所以我相信：这样持续的环境教育也能为广州区域，甚至整个社会的环境教育作出贡献。

我再介绍一下我们学校：广州市九十七中晓园学校连续23届承办了海珠区的“世界地球日”中小学生环保工艺美术创作大赛，活动由广州海珠区教育局、环境生态环境保护局合办。在这个活动当中，晓园学校和区域的环境教育就联动起来了，让孩子把自己的创新创造及行动力融合到环境教育当中来。

未来我们也期待着广州的孩子跟世界各地的孩子有更多的交流，让我们在环境教育当中有更多共同的成长。不仅是孩子，教师、家长也都需要一辈子在自然中成长，一起跟孩子们自然成长。

不久前发布的《全国自然教育中长期发展规划》说明从国家层面，自然教育将会进入一个新的高潮。中西方其实对于“自然教育”的理念是有许多共通和融合的。比如，西方的亚里士多德强调了教育要遵循自然，卢梭强调自然教育的核心是归于自然，中国的道家主张道法自然。所以一切复归人的自然本性，一切顺其自然便是最好的教育。

许多自然科普实践活动，我们都会鼓励孩子们积极参与。作为成年人，我们也要尽可能地置身于自然和社会的规律，遵循“融入、系统、平衡”的三大法则。我们要在自然中感受成长的收获，既要感悟生命的意义，也要感受自然的变化，这样才能和谐统一。

我是从事中学生物教学的，我当时提出的生物学科教学思想是“渗透生态伦理教育，陶养生物核心素养”。我希望每个孩子要了解生命，要有生命的存在感，同时要去把握自然规律的自然美，从而形成良好的生态平衡观。每个孩子在整个课程的学习过程中要“了解生命，掌握生态；热爱生命，融入生态；守护生命，维护生态”。

近期，我参加了广州市的名校长培训班，我提出了“大爱有伦，大美在理”的办学思想。那么这个“爱”和“美”指向什么？晓园学校的办学理念是“练土为陶，育人成器”，“土”来自于自然，“陶”可以理解为艺术，我希望孩子们在教育过程中能有“平凡”到“艺术”的飞跃。“成器”是成为有用之才，我们也希望每个孩子能够成为国家和社会的有用之才，更好地服务世界。我们的办学思路是“以陶养情，以美育人”，在学校的办学理念和办学思路中，我觉得重要的连接是“爱”。

对于“大爱”在自然教育中的认识和思想，我想分享以下内容：

卢梭提到教育由三种教育构成，即“自然的教育、人的教育和事物的教育”。“自然教育”并非是简单的顺其自然，而是要在孩子的每一个成长过程当中，认识到学习的敏感期、关键期或者兴趣点，不能一蹴而就，而是要与自然和谐一致，保持与生态伦理教育的融合。

实际上孩子的教育可能有任意起点，这个起点就是他的敏感期、关键期或兴趣点。只要把握好这些，我们相信师生之间就能收获无限的生命成长和灵动，赢得共同的生命互动的快乐。

“大爱有伦”和“大美在理”中的“伦”和“理”合并在一起时，就是道德的至高层面，高度自律的道德。要把握爱的规律，掌握合适的爱的方法。教育中爱的底线、边界，要尽可能与孩子共同形成和遵守。真正的“大美”要符合社会的道理、科学的真理和人文的哲理。

“气候”是本次论坛的切入点，我相信环境教育会是我们长期落实的教育内容。希望我们跟孩子一起在“自然中成长”，也让每个孩子能够接受自然、尊重自然和社会的规律，更好“自然地成长”。

卓玉昭

马来西亚沙巴吧巴中学校长

坚持，就会看见希望

很感谢大会给我这个机会，跟大家分享我们学校的环保教育。

马来西亚沙巴吧巴中学是一所由华人兴办的小型华文独立民办中学，全校学生 160 人，大部分是华族，也有少部分的土著和马来人。

沙巴吧巴中学的环保活动从 2007 年开始，到今天已经 17 年了。学校的“垃圾变黄金计划”，除了垃圾减量，主要也是为筹募一些学校设备的经费，这是我们活动最初的目的。

要让环保融入生活，必须从教育着手，因此就有了环保活动课程化的计划。新冠疫情的两年，学生对回收活动的坚持，激活了我们环保活动课程化的信心。通过一个跨学科课程设计的工作坊，我们顺利产出了以环保为主题的校定课程。

最初做资源回收时，家长、学生拿来的回收品杂乱无章，现在大部分都可以做好分类，整齐摆放。垃圾分类的教导非常重要，也非常花时间。为了加强垃圾分类的学习，每个月的一个星期天，每个班级都要派出志愿者学习分类。我们通过教育学生去影响家庭，让家长也参与垃圾减量的行动。家长送孩子上学的时候，也顺便带来满满一车的回收品。

我们制订了环保活动课程化的三年计划。针对垃圾减量，我们先后完成了两个校定课程的开设。第一年做垃圾分类，变废为宝；第二年配合“世界环境日”的主题，推行校园减塑。我们希望用两年的时间做好对内扎根，教导学生关注环境和习惯养成。2024年是课程的第三年，我们会带着两年校内扎根的基础，对外推广垃圾减量的教育，让环保教育走入社区。

我们的环保活动课程设计紧扣联合国可持续发展目标的第12和第13个目标，也紧扣沙巴吧巴中学课程的核心素养。我们课程的愿景和目标是：“教育一个孩子，带动一个家庭，影响一个社区。”

要做好环保教育，要从每一件小事做起，每一个坚持都是成功的累积。

结　语

程介明

香港大学荣休教授、原副校长

世界教育前沿论坛主席

中国教育三十人论坛成员

挽救地球，其实是挽救人类

发言环节结束了，我听到了很丰富的信息。假如我是观众，也许我会有不同的感受或问题："我们早就有了！""我们也可以做啊！""这个很难学！"

不要紧，信息传出去了，也就完成了我们的使命。

我在冰岛的时候，看见一个这样的小牌子："我们的地球并非从父母那里继承得来的，而是从我们的孩子那里借来的。"

我觉得这两句话很有道理。我们现在造成的对地球真正的损害还在后面，这是一个紧迫性的问题，我们教育工作者责无旁贷。

通过这个论坛，我悟出五个层次的问题：

一、真的有那么危险吗？（认识真相）

二、这些危机，跟我有什么关系？（感同身受）

三、明白了，那我能做什么贡献？（愿意贡献）

气候变化的教育，让学生知道他们在当下的阶段能够贡献什么，能够如何减缓或者减少危险。

四、造成现在这种危机，我也有份？（开始自省）

五、因此，我需要做什么改变？（思考变化）

上面的第四项与第五项，是潘江雪老师给我的启发。要达到这两项，不太容易，却正是我们需要的。我们的下一代不改变，我们下一代的下一代更糟糕。

这不也正是学生学习的台阶吗？从认知到感受，从外部到内省，从思想到行动。

刚才大家都提到，挽救地球其实是挽救人类，因为是我们人类在作怪，是我们的行为造成今天的危机。

严长寿和谢小芩老师也都提到，现代社会讲究科技、速度、效率，学生只会按键操作，他们就对地球没有感情。我认为科技、速度、效率，这些都不在话下，作为教育工作者，我们难以去跟这些趋势作斗争。但是我们可以为学生开辟空间、设计活动，让学生返璞归真、回到自然，以自然的方式来生活，以自然的方式来制作。我们不只是观看、游览，还要身体力行，让他们享受“慢活”。

从认识世界逐渐到改变自己的生命，这也许应该是我们教育的内涵。我们希望学生能够自觉、自为、自主地对地球有感情，从自己的行为出发去改变，让我们地球不再恶化。

因此，这次的论坛让我想起两个英文字：一个是 urgency（紧迫），让学生认识到情况的紧迫性；另一个是 agency（主体），学生作为一个主体来面对这样的一个危机，从自己做起。

开幕的时候，李盛兵教授说他组织了广东八所学校的气候教育联盟。岳伟教授说，在气候变化面前，没有人是旁观者，没有人是局外人，更没有人能够独善其身。挽救地球需要合力，我们的社会是否也可以有联盟？

不再占用大家的时间，我想到的就是这些。谢谢！

附件一：

第六届世界教育前沿论坛总结报告

2023 年 12 月 2 日，第六届世界教育前沿论坛在线上举行。本届论坛由中国教育三十人论坛与香港大学教育研究中心合办，主题为“气候 · 教育 · 学习：力挽狂澜，由我做起”。

缘　起

本届论坛与以往略有不同，只有一个主题：气候变化。确定这个主题，是因为 2023 年全球到处遭遇到前所未有的极端天气，而恶化的气候，看来还会延续、重来。虽然恶化的气候，只不过是整个地球环境恶化的一部分，但是却响起了严峻的警报：地球已经到了非常危险的境界。地球环境的恶化，在于人类自己的行为。因此，必须从改变人的行为开始，教育责无旁贷，这也正是国家提倡“生态文明”的原旨。

过程与内容

这次论坛，请来了五位专家作为主讲嘉宾。全球知名气候专家、香港大学副校长、清华大学理学院原院长宫鹏教授拉开了论坛的序幕，为论坛描绘了非常全面的背景。经济合作与发展组织（OECD）的黛博拉 · 努莎，在该组织专门从事有关气候与教育的研究，提供了一个全球的概况，并且提出了 OECD 的建议。第三位演讲者是中国台湾著名的慈善家、教育家严长寿，他根据一贯的教育理念，又从台东为原住民办学的经验，提出了教育发展的一些原则性建议。第四位是来自日本早稻田大学的新保敦子教授，她全面介绍了日本学校的防灾教育，并且列举了各类学校的案例。最后一位是任职香港理工大学的青年学者裴卿，他以丰富、翔实的科学研究和在香港中小学的教育实践，提供了很多有现实意义的建议。

论坛的第二部分，邀请了六位教育界翘楚，根据他们多方面的知识和经验，对气候教育提出了观察和建议。他们是：来自中国内地的上海教育学会会长尹后庆，真爱梦想公益基金的创始人潘江雪，香港大学荣休教授和水土概念工程专家李焯芬，澳门科技大学校长、水利工程专家李行伟，台湾清华大学人文学科领导人谢小芩，以及马来西亚独立华中董事会总会的蓝图策划人张喜崇。他们各自做了非常精辟而又发人深省的发言。

论坛的下午，是三个集合案例的分论坛。第一个分论坛，由比较有历史的非政府组织“滋根”团队分享他们在基础教育、职业教育、成人教育三方面的努力、经验和挑战。第二个分论坛，华中师范大学生态文明教育研究中心团队分享了理论层面的认识，和他们在少年宫、学校等机构的实践经验和心得。第三个分论坛，集合了包括香港、澳门、广州、台东、巴沙（大马）推荐的六所学校，介绍了他们各自的实践，在不同的环境、不同的学校规模，以不同的活动入手，实施有关气候变化的教育。

概括来说，本届论坛，邀请了各个方面、各个层次、各个社会的代表人物，比较全面而立体地讨论了气候变化教育。

这次论坛，获得了130多万的点击率，也获得了几十个媒体的直播和会后报道。本届论坛点击率与去年论坛相比略有下降，说明这是一个大家都关注而又未受足够关注的议题，也说明有关气候恶化的教育在教育界还处于初步阶段。

这次论坛，与世界气候会议几乎同时举行，全球掀起了讨论气候的热潮。这正好说明，这也是中国在气候方面参与国际同步的一个重要方面。

概况和挑战

这里尝试归纳出本届教育前沿论坛的收获。这些收获，来自论坛当天的发言和讨论，也来自筹备过程中的搜索，以及来自观众现场与会后的反映。下面把有关气候变化的教育，姑且简称为“气候教育”。

一、气候危机的严重性

虽然全球的媒体在不断地报道和讨论气候恶化的灾难性，但是气候恶化的严重性，仍然没有成为教育界关注的重点话题。或者说，中国教育界对气候恶化的严重性，还有很大的改善空间。

论坛中，宫鹏、黛博拉·努莎、裴卿，都从不同的角度，根据大量数据，说明气候的恶化已经到了严峻的程度。李焯芬更是认为人类也许正进入第四个冰河时期。气候的恶化，将会使我们的环境越来越不适合人类生存，而在可见的将来，有些国家和城市，将会被海洋淹没。而2023年发生的高温、严寒、水灾等都是非常紧迫的预警信号。这些现象，也许还没有广泛地为教育界所认识，也因此还没有成为学生普遍的认识。

有不少专家认为教师普遍缺乏气候教育的有关知识，我们要做的第一步也许就是让他们对于气候恶化的严重性有一个感性认识。为此，我们建议教育部可以制作一系列的视频，让全国师生对气候变化有一个共同的认识。

二、气候危机是人类危机

论坛的一个突出的共识是：气候恶化带来的危机，完全是人类的行为导致的。因此，气候的危机，其实是人类的危机。潘江雪强调了这一点。李焯芬更进一步说，地球没有危机，地球会一直生存下去，有危机的是人类；人类也许正在一步步引发地球第四次冰河期，迫使人类无法正常生活。

因此，气候恶化的危机，应该直接看成是人类的危机。要扭转或者减缓气候恶化带来的危机，保护环境固然重要，但是更重要的，是改变人类自己，改变人类的行为。改变客观的现象，关键在于改变人类自身与主观上的改变。

三、面对气候危机，教育责无旁贷

面对气候危机，关键在人，在人的改变，因此教育责无旁贷。教育的使命，是改变人类的行为，最终改变人类的思想。

我们背负的责任，是整代人的改变，是社会文化的转变。这不是任何政府政策可以轻易达到的，也不是任何伟大的理论可以影响的，必须依靠细水长流、漫长的教育过程。让学生在潜移默化的学习生活中，产生行为的变化，引起思想的觉悟，没有其他简易的办法可以替代。

因此，对中小学来说，气候教育应该是整体学校教育的一部分，也应该是“立德树人”很重要而具体的一个入手点，也是自然科学与人文素养的一个结合点。近年有教育工作者提倡的积极教育、社会与情绪教育、学生福祉等等，都应该与气候教育有机地融合。

四、气候教育需要普及和深化

在论坛筹备过程中，我们做了一些初步的“扫描”，发现气候教育在华人社会的中小学比较普遍，而且当地的课程也广泛涉及有关的议题。其中突出的例子：天灾极少的马来西亚，为华文独立中学而设的各类课程，有70多个项目是与气候教育有关的。

在中国内地的学校，在这方面做得也比较好，气候教育发展得比较广泛而蓬勃。不少省市都有全面的安排，期望落实到每一所学校。但是还存在不少问题，如，对于气候教育中需要传达的信息、学习重点、社会意识，以及预期学生思想和行为的变化，普遍非常模糊。

我们初步的观察：

第一，重视的程度和学生学习的深度，在学校之间会有较大的差异。也许需要提高门槛，有一个遍及的最低要求。

第二，在课程里渗入气候教育，是必须的方向，但也需要把气候变化作为一个专题，提高大家的认识。这也是近年各地提倡“项目化学习”一个很好的平台。

第三，在课程中做有关气候教育的学习，但是需要提防以考试测评作为学习的终点。

第四，学校里面出现许多受到学生欢迎的有关活动，值得庆贺，但也要防止停留于热闹、得奖。

学生的行为与思想有没有产生变化，需要学校和教师不会囿于形式上的表现。

五、气候教育：学生的深层变化

根据这次论坛的发言，以提出的问题为线索，我们发现学生的变化可以有五个层次：1. 情况真的有那么严重吗？2. 真的会影响到我吗？3. 我可以作什么贡献？4. 这个危机的加剧，我也有份？5. 我自己需要作什么改变？

目前在中国学校出现的有效的课程和活动，大致可以达到第三个层次，也就是从宏观的理性知识到逐渐有了自身的“感同身受”，从而成为改变环境的动力。2023年的极端气候，在这方面提供了“从远到近”有利的契机，但是并不一定所有的学校都能掌握这个契机。

要进入第四个层次，第五个层次，也许应该使学生的“责任感”从“改变客观”转化为“改变主观”。当学生认识到自己的行为需要改变，就是改变的目标。这就需要我们做细致的分析，让生活中细节的改变成为学习的一个方向。这方面，澳门一所学校的传统，是一个典型的范例：他们在校内设立冷热水机取缔塑料瓶饮料，获得教育局的赏识，从而推广到全澳门。

六、劳动在气候教育中的作用

在各个学校的案例分享中，不约而同谈到了有不少需要学生动手参加的活动，也就是说都有劳动的成分。

中国台湾地区的严长寿与谢小芩都提出，目前出现的气候问题，往往在于人类越来越追求速度与效率，因而出现奢侈和浪费。而下一代假如沉迷于只需要按键的生活，环境的恶化只会持续与加深。因此，在气候教育中，让学生们返璞归真，参加动手的活动（如种植、纺织、木工等），即使是小部分时间，也是让他们享受人类原始的生活。让他们觉得，“慢活”也可以“快活”。

他们的观点，其实是赋予了“劳动”一层深刻的意义。恩格斯写过《劳动在从猿到人转变过程中的作用》，反过来说明，没有了劳动，人类就不再进化，甚至会退化。绝非言重。

七、气候教育，也要学生积极对待“风暴”

李焯芬与潘江雪，不约而同从不同的角度，提出学生还是要采取乐观积极的态度。他们同时认为，大环境的许多变化，并非都是可以控制的。李焯芬认为即使进入第五次冰河期，人类仍然可以生存，不必过分担心，这是宏观环境层面的乐观。潘江雪认为，即使人类可以减轻和减缓气候恶化，他们仍然会面对不可控的“风暴”；教育的责任，就是让学生能够积极面对这些“风暴”，这是学生个人层面的乐观。

八、气候教育，中国可以对世界有贡献

本届论坛，刻意聚集了华人社会的教育工作者。可以看到，华人社会在气候教育方面，还是有很多共同的语言，这可以是华人社会教育交流的一个起点。

从发言反映的内容来看，在中国内地，不少省市都有比较全面的政策与安排，说明生态文明教育已经在实践中得到普及。也可以看到，中国内地不少地区、不少学校，都在开展正规课程以外的活动，环保、垃圾分类、碳排放等比较普遍，其覆盖面，不是其他社会可以轻易做到的。

其他华人社会，都会有比较突出的案例，但是还不能说气候教育已经普遍展开。因此，论坛中李盛兵建议，可否建立学校之间的联盟，促进互相交流。这个联盟，可以是无需严谨结构的网络，带动整个华人世界在气候教育方面的发展。

同理，中国能否在气候教育方面再前进一步，为世界作出贡献？气候危机要力挽狂澜，当然不能只靠一个国家，但是在全球的教育界能够提供一些有效的经验，是否也应该是我们的使命？

九、结语

气候教育的最高境界，是学生自觉、自主、自为地“由我做起”，活出“生态文明”。不一定要求每一名学生都能够达到这种境界，但是树立这个方向，几代人长期坚持下来，必有成效。我们现在不开始这个过程，人类的生活环境就必然继续急剧恶化下去。

2024 年 1 月 11 日

附件二：

第六届世界教育前沿论坛媒体报道

序号	单位	报道题目
1	搜狐	应对全球“气候崩溃”，教育能做些什么？专家热议“气候变化教育”
2	新浪教育	教育能为气候变化做什么？专家热议“气候变化教育”
3	网易	第六届世界教育前沿论坛举行　聚焦“气候变化教育”
4	晶报	应对全球“气候崩溃”，教育如何力挽狂澜？第六届世界教育前沿论坛举办
5	光明日报	第六届世界教育前沿论坛聚焦“气候变化教育”
6	深圳晚报	第六届世界教育前沿论坛举办，聚焦“气候变化教育”的现状与前景
7	香港大公报	港澳台学者参与研讨　第六届世界教育前沿论坛聚焦“气候变化教育”
8	中国青年报	①专家热议气候变化教育：吸引青年投身科研是绿色化的关键 ②应对气候变化，教育要从娃娃抓起
9	中国日报	教育能为气候变化做什么？专家热议“气候变化教育”
10	21世纪经济报道	教育能为绿色低碳发展做什么？气候变化教育全球疾行

（续表）

序号	单位	报道题目
11	经济观察报	第六届世界教育前沿论坛关注气候变化教育的现状与前景
12	现代教育报/学习强国	第六届世界教育前沿论坛举行，聚焦“气候变化教育”
13	中国网	教育能为气候变化做什么？专家热议“气候变化教育”
14	环球网	教育能为气候变化做什么？专家热议“气候变化教育”
15	界面新闻	应对全球“气候崩溃”，教育能做什么？
16	中国教师报	教育能为气候变化做什么？专家热议“气候变化教育”
17	大众网	①应对全球“气候崩溃”，教育如何力挽狂澜？第六届世界教育前沿论坛举办 ②应对全球“气候崩溃”，教育能做些什么？
18	人民日报民生周刊	第六届世界教育前沿论坛举行，聚焦“气候变化教育”
19	新浪网——深圳	教育能为气候变化做什么？专家热议“气候变化教育”
20	澎湃新闻	专家共议：为减缓和适应气候变化，教育能做些什么？
21	深圳特区报	第六届世界教育前沿论坛聚焦“气候变化教育”
22	中国教育报	教育能为气候变化做什么？专家热议“气候变化教育”